张英伯 主编

实数的十进表示

王昆扬 著

科学出版社
北京

内 容 简 介

本书讨论用十进制的无限小数来表示实数的问题. 十进制的无限小数, 简称为十进数, 初中学生就知道了. 但他们只能把它作为符号, 凭感觉进行直观的想象. 这些符号的真意只有接受了“极限”概念之后才能理解.

本书严格讲述了有理数列收敛的概念, 并讲述了基本列、数列等价的概念等. 然后引入标准列的概念, 把一个十进数与一个标准列等同起来, 叫做“对等”. 在此基础上严格地证明: 每个十进数都是它对等的标准列的极限; 任何由实数(即十进数)组成的基本列一定收敛.

本书适合高中学生阅读. 能够接受极限概念的初中学生也完全可以读懂.

图书在版编目(CIP)数据

实数的十进表示/王昆扬著. —北京: 科学出版社, 2011
(美妙数学花园)
ISBN 978-7-03-031556-4
I. ①实… II. ①王… III. ①十进制-普及读物 IV. ①O156.1-49
中国版本图书馆 CIP 数据核字(2011) 第 113390 号

责任编辑: 陈玉琢 / 责任校对: 张怡君
责任印制: 赵 博 / 封面设计: 王 浩

科学出版社 出版
北京东黄城根北街 16 号
邮政编码: 100717
http://www.sciencep.com
天津市新科印刷有限公司印刷
科学出版社发行 各地新华书店经销
*
2011 年 6 月第 一 版 开本: B5(720 × 1000)
2025 年 2 月第六次印刷 印张: 6
字数: 46 000
定价: 39.00 元
(如有印装质量问题, 我社负责调换)

《美妙数学花园》丛书序

今天, 人类社会已经从渔猎时代、农耕时代、工业时代, 发展到信息时代. 科学技术的巨大成就, 为人类带来了丰富的物质财富和越来越美好的生活. 而信息时代高度发达的科学技术的基础, 本质上是数学科学.

自从人类建立了现行的学校教育体制, 语文和数学就是中小学两门最主要的课程. 如果说文学因为民族的差异, 在各个国家之间有很大的不同, 那么数学在世界上所有的国家都是一致的, 仅有教学深浅、课本编排的不同.

我国自从在清末民初时期西学东渐, 逐步从私塾教育过渡到现代的学校教育, 一直十分重视数学教育. 我们从清朝与近代科技隔绝的情况下起步, 迅速学习了西方的民主与科学. 在 20 世纪前半叶短短的几十年间, 在我们自己的小学、中学、大学毕业, 然后留学欧美的学生当中, 不仅产生了一批社会科学方面的大师, 而且

产生了数学、物理学等自然科学领域对学科发展做出了重大贡献的享誉世界的科学家. 他们的成就表明, 有着五千年灿烂文化的中华民族是有能力在科学技术领域达到世界先进水平的.

在20世纪五六十年代, 为了选拔和培养拔尖的数学人才, 华罗庚与当时中国的许多知名数学家一道, 学习苏联的经验, 提倡和组织了数学竞赛. 数学家们为中学生举办了专题讲座, 并且在讲座的基础上出版了一套面向中学生的"数学小丛书". 当年爱好数学的中学生十分喜爱这套丛书. 在经历过那个时代的中国科学院院士和全国高等院校的数学教授当中, 几乎所有的人都读过这套丛书.

诚然, 我国目前的数学竞赛和数学教育由于体制的问题备遭诟病. 但是我们相信, 成长在信息时代的今天的中学生, 会有更多的孩子热爱数学; 置身于社会转型时期的中学里, 会有更多的数学教师渴望培养出优秀的科技人才.

数学家能够为中学生和中学教师做些什么呢? 数学本身是美好的, 就像一个美丽的花园. 这个花园很大,我们并不能走遍她,完全地了解她.但是我们仍然愿意将自己心目中美好的数学,将我们对数学的点滴领悟,写给喜爱数学的中学生和数学老师们.

张英伯

2011 年 5 月

目　录

第 1 章……

引　言

关于什么是“实数”, 引述几段教科书中的话.

曹之江和王刚在《微积分学简明教程》(上册)(高等教育出版社, 2004 年, 第 2 版) 第1页谈及自然数和有理数时说“数是人类在争取生存、进行生产和交换中所创造的一种特殊语言, 是量的描述及运算的手段”. 接着在第 2 页, 在小标题“无理数和微积分的危机”下又说“在相当长的一段历史时期, 人们只能认识经验所及的自然数以及由它所衍生的有理数. 同时人们也自然想象, 那些像单位正方形的对角线那样的与单位长不可公度的几何量, 应当与那些可公度的长度一样, 有“数”来加以表示…… 这些数从哪里来? 它们将怎样表示和运算”.

俄罗斯的卓里奇 (В.А.Зорич) 在《数学分析》(第一卷)(第 4 版) (高等教育出版社, 2006 年, 第 2 版) 第 29 页中说“数学中的数, 就像物理中的时间, 人人都知道, 唯独专家们不这样理解它”.

俄罗斯的阿黑波夫等 (Г.И.Архипов, В.А.Садовничий, В.Н.Чубариков) 在《数学分析讲义》(第 3 版)(高等教育出版社, 2006 年) 第 13 页中说“实数, 无论是有理数还是无理数, 它们是人类理智为了实际需要而作出的抽象发明”. 又说“实数乃是带‘正’号或‘负’号的无限十进小数”.

我想, 我们没有理由不承认卓里奇的话:“数学中的数, 就像物理中的时间, 人人都知道”. 对于普通人 (包括我在内), 对于“数”这个概念, 大概只能接受到这个程度, 而且我认为这样理解也就够了. 实数是表示宇宙中“量”的符号. 任何一条现实中的绳子 (或抽象成线段) 都有长度, 表达长度的符号就是 (正的) 实数. 人的体温、地球的质量、银行中存款的多少、鸡蛋的价格等, 都必须用记号表达, 这记号就是实数. 这不是给实数下定义, 只是描述而已. 把实数理解成符号, 使用怎样的符号比较合适? 这就是实数的表示的含义. 例如, 阿拉伯字符 100(十进制), 英文“a hundred”, 俄文“сто”, 中文“一百”或“壹佰”, 表达了同一个实数 (同在十进制下). 阿拉伯字符 12(十进制), 英文“a dozen”, 中文“一打”表达了同一个实数 (以不同的进位制). 这是在整数范围内.

在分数范围内, 同用阿拉伯符号, 同用十进制, $\frac{1}{4}$, $\frac{2}{8}$, $\frac{25}{100}$ 等, 与 0.25 表示的是同一个实数. 特殊的符号 $\sqrt{2}$ 表示的实数是边长为 1 的正方形的对角线的长度, 谁能说这条对角线没有长度呢? 类似地, $\sqrt{3}$ 表示的实数是 $60°$ 角的正切, 即直角三角形中 $60°$ 的锐角所对的直角边的长度与所邻的直角边的长度的比值, 谁能说这个比值不存在呢?

无论如何, 这些都不是实数的哲学定义.

曹之江和王刚提出的问题是重要的:"那些像单位正方形的对角线那样的与单位长不可公度的几何量, 应当与那些可公度的长度一样, 有'数'来加以表示. ……这些数从哪里来? 它们将怎样表示和运算".

我认为在数学科学中, 任何一个概念, 只有得到恰当的"数学表示"之后, 才能被严格地进行研究和应用. 实数这个概念太基本、太重要了, 它无处不在, 所以给实数以恰当的数学表示, 也就是说, 规定合适的符号来表示它们, 就是很有必要的.

阿黑波夫等所说的"实数乃是带'正'号或'负'号的无限十进小数"就是实数的一种表示方式. 把这种表示叫做实数的**十进表示**. 我认为十进表示是实数概念

最自然的、最容易被“接受”、最便于应用的表达形式.

其实,人们从小就习惯于十进制.如果不是在特殊的专业场合,人们自然地用十进制的阿拉伯数字符号表示正整数.即使美国银行用 two thousand three hundred fifty six 表达一个钱数 (单位可以是美元),这个数字和中国银行说的贰仟叁佰伍拾陆 (同样单位) 是一样的,都是十进制的 2356.在 2356 前面添一个负号就成为 −2356,它是十进制的负整数.

分数就复杂了一些.初中二年级的课本中说“正的整数和分数、负的整数和分数以及零叫做有理数”.通常,人们用形如 $\frac{m}{n}$ 的符号来代表分数,其中 m 为整数,可以是负的,而 n 为正整数.这里,当 m 和 n 被赋予具体数值时,最常用的也还是十进制整数.当分母是 10^k,即 1 后面带 k 个零,$1\overbrace{0\cdots0}^{k个}$,这样特殊的十进制正整数时,人们把分数写成十进小数的形式,这种小数的小数点后面只有 k 位数字,所以叫做**十进有限小数**,简称为有限小数.例如,

$$\frac{34}{10^3}=0.034=\frac{3}{100}+\frac{4}{1000},$$

$$\frac{2870}{10^3}=2.870=2+\frac{8}{10}+\frac{7}{100}=2.87.$$

显然, 小数点后只有 k 位数字的有限小数, 可以改写成分母为 10^k 的分数; 整数也可以看成分母为 1 的分数. 分数也叫做**有理数**(rational number). 这是大家都熟悉的数.

下面把有理数的分数表示, 包括十进有限小数表示, 叫做有理数的**本原表示**.

所要做的是, 在对于上述有理数 (或分数) 已有了很好的了解的基础上, 对于实数的十进表示作一个严格的、完整的讨论.

第 2 章

什么是十进数

2.1 测量线段之长

我们承认任何一条现实中的绳子 (或抽象成线段) 都有长度. 人们是怎样测量绳子的长度的呢?

首先规定一个尺子, 也就是说, 约定一个特定的线段的长度为一个单位, 如中国的**1市尺**, 国际通用的 1 米. 1 米的长度等于 3 市尺的长度, 简称为 1 米等于 3 市尺. 下面使用国际通用的米. 设手中握有一条长度为 1 米的**尺子**, 如图 2.1 所示. 左端点有刻度 0, 右端点有刻度 1 (单位: 米). 这个尺子等分成 10 段, 中间对应有 0.1,0.2,$\cdots$,0.9

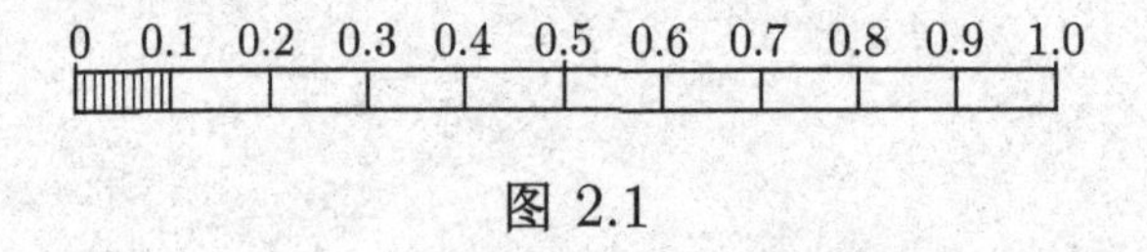

图 2.1

9 个刻度. 从左端刻度 0 到刻度 0.1 的一段又等分成 10 段, 划出了刻度, 但因位置太窄已不便标示数字.

给定一条线段. 用 1 米长的尺子作**第 1 次测量**. 把第 1 次测量的结果用代表一个非负整数的字母 p 表示. p 的值是这样确定的: 如果此线段不足 1 米, 那么 $p=0$; 如果此线段的长度超过 1 米, 则量 p 次之后, 可能恰好量尽, 也可能还剩一段, 所剩这段不够 1 米长. 如果恰好量尽了, 则说线段长 p 米. 此时测量终止.

如果还剩下不够 1 米长的一段, 则把剩下的这段叫做**第 1 次剩余**.

总之, 第 1 次测量的结果记作 p, 它是零或正整数. 当然, 已经知道怎样用十进制来表示非负整数 p.

如果第 1 次测量不终止, 则接着来作**第 2 次测量**, 就是用米尺上从刻度为 0 到刻度为 0.1 的一段为小尺子——权且叫做**第 1 小尺**, 来度量第 1 次剩余. 已经知道第 1 小尺的长度是 $\frac{1}{10}=10^{-1}$ 米, 即 1 分米. 把第 2 次测量的结果用形如 "$p.a_1$" 的符号来表示, 它代表有理数

$$p+\frac{a_1}{10},$$

其中 p 为第 1 次测量结果, 而 a_1 代表一个非负的、不超过 9 的整数, a_1 的值是这样确定的: 如果第 1 次剩余比第 1 小尺短, 即不足 $\frac{1}{10}$ 米, 则 $a_1=0$, 这时把第 1 次剩余

也叫做**第 2 次剩余**; 如果第 1 次剩余的长度不比第 1 小尺短, 即等于或大于 $\frac{1}{10}$ 米, 则用第 1 小尺量 a_1 次之后, 可能恰好量尽, 也可能还剩一段, 所剩这段不够 $\frac{1}{10}$ 米长. 如果恰好量尽了, 则说线段长 $p.a_1$ 米, 此时测量终止. 如果还剩下不够 $\frac{1}{10}$ 米长的一段, 则把剩下的这段叫做**第 2 次剩余**.

总之, 第 2 次测量的结果记作 $p.a_1$, 其中 p 为零或正整数, a_1 为不超过 9 的非负整数 (请思考: 为什么 $0 \leqslant a_1 \leqslant 9$).

如果第 2 次测量不终止, 则接着来作**第 3 次测量**, 就是用米尺上从刻度为 0 到刻度为 0.1 的一段的十等分中的一份为**第 2 小尺**来度量第 2 次剩余. 已经知道第 2 小尺的长度是 $\frac{1}{100}(=10^{-2})$ 米, 即 1 厘米. 把第 3 次测量的结果用形如 "$p.a_1a_2$" 的符号来表示, 它代表有理数

$$p+\frac{a_1}{10}+\frac{a_2}{100}=p+a_1\cdot 10^{-1}+a_2\cdot 10^{-2},$$

其中 $p.a_1$ 为第 2 次测量结果, 而 a_2 代表一个非负的、不超过 9 的整数, a_2 的值是这样确定的: 如果第 2 次剩余比第 2 小尺短, 即不足 $\frac{1}{100}$ 米, 则 $a_2=0$, 这时把第 2 次剩

余也叫做**第 3 次剩余**; 如果第 2 次剩余不比第 2 小尺短, 即等于或大于 $\frac{1}{100}$ 米, 则用第 2 小尺量 a_2 次之后, 可能恰好量尽, 也可能还剩一段, 所剩这段不够 $\frac{1}{100}$ 米长. 如果恰好量尽了, 则说原线段长 $p.a_1a_2$ 米, 此时测量终止; 如果还剩一段不够 $\frac{1}{100}$ 米长, 则把剩下的这段叫做**第 3 次剩余**.

总之, 第 3 次测量的结果记作 $p.a_1a_2$, 其中 p 为零或正整数, a_1 和 a_2 都为不超过 9 的非负整数.

一般地, 或归纳地, 如果对于正整数 k, 第 $k+1$ 次测量的结果为 $p.a_1\cdots a_k$, 其中 p 为零或正整数, $a_j(j=1,\cdots,k)$ 为不超过 9 的非负整数, 而第 $k+1$ 次测量不终止, 也就是说, 还剩下长度小于 $\frac{1}{10^k}$ 米的第 $k+1$ 次剩余, 则接着进行**第 $k+2$ 次测量**, 就是用米尺的 10^{k+1} 等分中的一份作为**第 $k+1$ 小尺**来测量第 $k+1$ 剩余, 得到第 $k+2$ 次测量结果 $p.a_1\cdots a_{k+1}$, 它代表有理数

$$p+\frac{a_1}{10}+\cdots+\frac{a_k}{10^k}+\frac{a_{k+1}}{10^{k+1}},$$

其中 $p.a_1\cdots a_k$ 为第 $k+1$ 次测量结果, 而 a_{k+1} 代表一个非负的、不超过 9 的整数, a_{k+1} 的值是这样确定的: 如果

第 $k+1$ 次剩余比第 $k+1$ 小尺短, 即不足 $\frac{1}{10^{k+1}}(=10^{-k-1})$ 米长, 则 $a_{k+1}=0$, 这时把第 $k+1$ 次剩余也叫做**第 $\boldsymbol{k+2}$ 次剩余**; 如果第 $k+1$ 次剩余不比第 $k+1$ 小尺短, 即等于或大于 $\frac{1}{10^{k+1}}$ 米长, 则用第 $k+1$ 小尺量 a_{k+1} 次之后, 可能恰好量尽, 也可能还剩一段, 所剩这段不够 $\frac{1}{10^{k+1}}$ 米长. 如果恰好量尽了, 则说原线段长 $p.a_1\cdots a_ka_{k+1}$ 米. 此时测量终止; 如果还剩一段不够 $\frac{1}{10^{k+1}}$ 米长, 则把剩下的这段叫做**第 $\boldsymbol{k+2}$ 次剩余**.

总之, 第 $k+1$ 次测量的结果记作 $p.a_1\cdots a_k$, 其中 p 为零或正整数, 而对于一切 $j=1,\cdots,k$, a_j 都是不超过 9 的非负整数.

把这种测量方式叫做**十进**方式, 意思是第一小尺的长度是原来的尺子的 1/10, 第 $k+1$ 小尺的长度是第 k 小尺的 1/10.

在现实生活中, 往往经过最多 4 次测量就终止了, 因为已经无法用肉眼看到 "第 4 次剩余", 肉眼根本看不清长度为 $\frac{1}{10^4}$ 米的第 4 小尺, 人不可能直接用自己的肢体操作这么短的小尺, 所以一般说来, 只得到一个 "近似" 结果. 在现实生活中, 完全习惯并满足于这种近似. 然而,现在要以数学的理性、抽象性和精确性的精神来讨论十进测量.

于是测量线段的结果有两种情形. 一是得到第 k 次结果

$$p\,(k=1) \quad \text{或} \quad p.a_1\cdots a_{k-1}\,(k>1)$$

时, 测量终止, 则所测线段的长度为

$$p(\text{米})\,(k=1) \quad \text{或} \quad p+\sum_{j=1}^{k-1} a_j\cdot 10^{-j}\ (\text{米}),\ (k>1)$$

其中使用符号 $\sum_{j=1}^{k} u_j$ 来代表 k 个有理数 $u_1,\cdots,u_k$ 的总和, 即

$$\sum_{j=1}^{k} u_j := u_1+\cdots+u_k,$$

记号 := 表示挨着等号的公式是挨着冒号的公式的**定义**. 中学生都知道

$$p.a_1\cdots a_k$$

叫做**十进有限小数**.

另一种情形是测量永不终止. 例如, 长度为 $\frac{1}{3}$ 米的线段, 用上述十进方式测量, 就必定出现永不终止的情形 (当然, 如果用**三进**方式测量, 则第 2 次测量就终止了), 请读者证明这个事实. 现在假定测量永不终止, 把第

$k+1$ 次测量的结果记作 A_k 米, 即 $A_k = p + 0.a_1 \cdots a_k (k = 1, 2, 3, \cdots)$. 从第 2 次测量开始, 把每次的测量结果顺次排列起来, 就得到一个**数列**(关于数列的定义, 下一节将严格介绍), 记作

$$A_1, A_2, A_3, \cdots. \tag{2.1}$$

当然, 也可以把测量的**终极**结果写成

$$A = p + 0.a_1 a_2 a_3 \cdots. \tag{2.2}$$

这样, 测量的终极结果 (2.2) 原来是一个中学课本中讲述过的**十进无限小数**, 当然, 习惯于把它写成

$$A = p.a_1 a_2 a_3 \cdots.$$

在心里早已下意识地承认 (2.2) 中的十进无限小数是一个实实在在的数, 它比有理数 $A_k = p + 0.a_1 \cdots a_k$ 大, 但比 $A_k + 10^{-k}$ 小. 这里说明, 按照上述测量方法, 所得结果 A 完全可能是**循环**小数, 但绝对不可能是以 9 为循环节的循环小数. 现在来证明这件事: 按照上述测量方法, 所得结果 A 不可能是以 9 为循环节的循环小数.

设 (2.2) 是一个永不终止的测量的终极结果. 对于任意的正整数 $k > 1$, 第 k 次剩余是一段长度比 10^{-k+1} 米短的线段, 但它没有消失. 用字母 γ 代表第 k 次剩余, 用

$|\gamma|$ 代表它的长度 (它是客观存在的), 于是一定存在正整数 $n \geqslant k$, 使得第 n 次剩余比第 $n-1$ 小尺短, 但比第 n 小尺长 (它不可能同第 n 小尺一样长; 否则, 第 $n+1$ 次测量就终止了). 于是把线段 γ 贴在第 $n-1$ 小尺上, 使它们的一个端点重合, 从而第 $n-1$ 小尺上要空出一段, 把空出的这段记作 δ, 用 $|\delta|$ 代表它的长度 (它是客观存在的). 于是 $|\gamma|$ 与 $|\delta|$ 的和为第 $n-1$ 小尺的长度, 即 10^{-n+1} 米. 由于 δ 是第 $n-1$ 小尺上的一段, 它没有消失, 所以存在整数 $m>n$, 使得第 m 小尺比它短, 也就是说, $|\delta|>10^{-m}$ 米. 设第 $m+1$ 次测量的结果是 $p.a_1\cdots a_k\cdots a_m$, 把从第 $k+1$ 次测量到第 $m+1$ 次测量所得的部分结果 "截取" 出来得知

$$\frac{a_k}{10^k}+\cdots+\frac{a_m}{10^m}<|\gamma|=\frac{1}{10^{n-1}}-|\delta|<\frac{1}{10^{n-1}}-\frac{1}{10^m}.$$

由这个不等式断言: $a_k,\cdots,a_m$ 不全为 9. 假设不然, 则得到不等式

$$9\sum_{j=k}^{m}\frac{1}{10^j}<\frac{1}{10^{n-1}}-\frac{1}{10^m}.$$

把上式两边同乘以 $1-\frac{1}{10}=\frac{9}{10}$ 得到

$$9\left(\frac{1}{10^k}-\frac{1}{10^{m+1}}\right)<9\left(\frac{1}{10^n}-\frac{1}{10^{m+1}}\right).$$

由此得到 $\frac{1}{10^k} < \frac{1}{10^n}$, 这与 $n \geqslant k$ 矛盾. 这样就证明了, 上述十进测量的结果所得的十进无限小数 (2.2) 不可能以 9 为循环节.

现在对于上述十进方式测量线段长度的结果作一个总结.

如果测量过程一次终止, 则得到一个整数 p; 如果经有限的 $m+1$ 个步骤后终止, 则得到一个十进有限小数 $p.a_1 \cdots a_m$. 这两种结果, 都是已熟悉的有理数 (的十进表示), 它们给出了所测线段的长度.

另一种情形是测量过程永不终止, 于是测量的结果既可以写成 (2.1) 那样的有理数列 (关于有理数列, 下一章将作严格的讨论), 也可以写成 (2.2) 那样的十进无限小数, 这个小数可以是循环的, 也可以是不循环的. 如果是循环的, 则绝对不会以 9 为循环节. 尽管初中课本引入了十进无限小数, 但对它们的了解还太少, 甚至可以说, 根本就不理解. 然而, 已经直觉地把它作为测量的结果, 承认它是表示所测线段的长度的**实数**的一种形式. 要从本质上真正理解永不终止的十进测量过程, 必须引入有理数列的极限的概念. 这是后面各章所要严格讨论的.

2.2 整数相除

下面来考虑具体的“竖式”运算的实例.

第一个例子 $1\div7$. 学生熟悉的“竖式”如下：

```
      0. 1 4 2 8 5 7 …
   ┌──────────────────────
 7 │  1. 0
  -     7
     ─────
        3 0
      - 2 8
      ─────
          2 0
        - 1 4
        ─────
            6 0
          - 5 6
          ─────
              4 0
            - 3 5
            ─────
                5 0
              - 4 9
              ─────
                  1 0
                    ⋮
```

运算的结果是一个十进循环小数

$$0.142857142857\cdots = 0.\dot{1}4285\dot{7}.$$

这个结果可以精确地写成

$$\frac{1}{7} = 0.142857 + \frac{1}{7}\cdot\frac{1}{10^7} = 0.142857 + \frac{0.142857}{10^7} + \frac{1}{7}\cdot\frac{1}{10^{14}},$$

并且不难归纳地得到, 对于任意的正整数 n, 下式都成立:

$$\frac{1}{7} = 0.142857\cdot\sum_{k=0}^{n}\frac{1}{10^{7k}} + \frac{1}{7}\cdot\frac{1}{10^{7(n+1)}}. \qquad (2.3)$$

第二个例子 $1\div 2$. 这里有两种运算方式. 先说第一种.

```
        0. 5  0  ···
    ┌──────────────────
  2 │   1.
      − 0
    ──────────
        1  0
    ──────────
      − 1  0
    ──────────
           0
         − 0
         ──────────
              0
              ⋮
```

运算的结果是一个十进循环小数, 循环节是 “0”,

$$1 \div 2 = 0.50\cdots = 0.5\dot{0}.$$

第二种运算方式如下:

$$\begin{array}{r|l}
 & 0.\ 4\ 9\ 9\ \cdots \\
\hline
2 & 1. \\
 & -\ 0 \\
\hline
 & 1\ 0 \\
 & -\ \ \ 8 \\
\hline
 & \ \ 2\ 0 \\
 & -\ 1\ 8 \\
\hline
 & \ \ \ \ 2\ 0 \\
 & \ \ -\ 1\ 8 \\
\hline
 & \ \ \ \ \ \ 2\ 0 \\
 & \ \ \ \ \ \ \ \ \vdots
\end{array}$$

运算的结果是一个十进循环小数, 循环节是 “9”,

$$1 \div 2 = 0.499\cdots = 0.4\dot{9}.$$

在第二个例子中, 两种算法都很做作. 第一种算法人为地把第二次运算即可终止的过程夸大成无限次运算的过程, 在第一次运算得商 0.5 之后无限次地重复做无用功, 每次结果都是 0. 而第二种算法也是 “故意” 不让运算终止, 不同的是, 从第一次开始就假装把除得尽当成除不尽. 然而, 算法尽管做作, 却并无错误.

不过, 如果要使数 $\frac{1}{2}$ 只有一种十进小数表示形式, 不妨在 $0.5\dot{0}$ 和 $0.4\dot{9}$ 之中只选一个. 这里选择前者, 后面将"排除"以 9 为循环节的情形.

结论是, 整数相除, 得到十进无限小数, 排除以 9 为循环节的情形, 那么结果是唯一的. 当所得的结果以 0 为循环节时, 实际上是**除得尽**的情形, 循环节是人为地强加上去的. 初中课本让学生**硬性接受**所得的十进无限小数就是整数之商 —— 有理数的十进表示形式. 要从本质上真正理解整数相除的无限过程, 必须引入有理数列的极限的概念. 顺便说一句, 后面将证明整数相除所得到十进无限小数一定是循环小数. 这一结论在初中课本中是不加证明而采纳的.

2.3 正整数的平方根

已经知道, 一个边长为 1 的正方形的对角线的长度是一个其平方等于 2 的实实在在的数, 把这个数记作 $\sqrt{2}$. 早已知道, 它不是有理数, 而是无理数. 这可用反证

法证明如下：

若 $\sqrt{2}$ 是有理数，则必可写成既约分数. 设 $\sqrt{2}=\dfrac{m}{n}$，其中 m,n 为互质的整数，则 $m^2=2n^2$，从而 m 必是偶数. 设 $m=2k(k\in\mathbb{N})$，则 $n^2=2k^2$. 于是 n 也是偶数. 这与 m,n 互质的前提矛盾. 这就证明了 $\sqrt{2}$ 不是有理数.

能不能直接求出 $\sqrt{2}$ 的十进表示?

早年的初中算术课本中讲过“求 $\sqrt{2}$ 的十进表示”的方法，简称此算法为**开方**. 它的原理是 $(10a+b)^2=100a^2+20ab+b^2$. 例如，十进数 36 的平方为

$$(10\times3+6)^2=100\times3^2+20\times3\times6+6^2=900+360+36=1296.$$

于是计算 $\sqrt{1296}$ 的竖式为

$$\begin{array}{r|rrrr}
 & & 3 & & 6 \\
\hline
 & 1 & 2' & 9 & 6 \\
3 & - & 9 & & \\
\hline
 & & 3 & 9 & 6 \\
20\times3+6 & - & 3 & 9 & 6 \\
\hline
 & & & & 0
\end{array}$$

计算每一步的具体算法都可从上式看出，语言叙述是累赘的，希望读者自己体会.

用开方法计算 $\sqrt{2}$ 的竖式如下：

		1. 4 1 4 2 1 ···
		2. 0 0
1	−	1 0 0
		1 0 0
$20\times 1+4$	−	0 9 6
		0 0 4 0 0
$20\times 14+1$	−	2 8 1
		1 1 9 0 0
$20\times 141+4$	−	1 1 2 9 6
		6 0 4 0 0
$20\times 1414+2$	−	5 6 5 6 4
		3 8 3 6 0 0
$20\times 14142+1$	−	2 8 2 8 4 1
		1 0 0 7 5 9 0

$\vdots$

其中开方的第 1 步结果是 1, “第 1 剩余” 是 $1(2=1^2+1, 2<(1+1)^2)$; 第 2 步结果是 1.4,“第 2 剩余” 是 “$0.04(2=1.4^2+0.04<(1.4+0.1)^2)$. 一般地, 第 $k+1$ 步结果是 $A_k=1.a_1\cdots a_k$, 其中 $a_j(j=1,2,\cdots,k)$ 为不超过 9 的非负整数, “第 $k+1$ 剩余” 是 “$r_k(2=A_k^2+r_k<(A_k+10^{-k})^2)$. 这个步骤可以无休止地继续下去: 只要知道了第 $k+1$

步结果 A_k 和"第 $k+1$ 剩余"r_k, 就可以继续完成第 $k+2$ 步.

从第 2 步开始, 把每一步的结果顺次排列起来, 就构成一个有理数列

$$A_1, A_2, A_3, \cdots.$$

这个数列与前面测量线段所得的 (2.1) 具有类似的形状. 上面已算出 $A_5 = 1.41421 = 1 + 0.41421$. 把"全部结果"写成终极形式, 就是一个十进无限小数

$$A := p + 0.a_1a_2\cdots.$$

这个十进无限小数与前面测量线段所得的 (2.2) 具有类似的形状. 在我们的意念中, 是不是早就把这个十进小数当成是 2 的平方根了? 能证明这个十进小数一定不是循环小数吗?

顺便说一下, 我们的祖先将上述开方法称为"开方术". 李文林教授告诉我们:

"《九章算术》卷四'开方术'指出了存在有开不尽的情形:'若开方不尽者, 为不可开, 当以面命之'.

为《九章》作注的三国时代数学家刘徽就在'开方术'注中提出了用十进制小数任意逼近不尽根数的方法, 他称之为'求微数法', 并指出:'其一退以十为步, 其再退

以百为步, 退之弥下, 其分弥细, 则…… 虽有所弃之数, 不足言之也’.”

总结一下, 前面不厌其烦地叙述了三个导致用**十进小数**表示实数的途径. 用尺子量线段之长, 用十进制得到的结果是十进小数. 如果把经有限步测量终止的情形人为地认为可继续无限步骤地以零结果测下去, 那也就把得到的有限小数改写成以 0 为循环节的无限小数. 当然已经证明, 测量线段长度不会得到以 9 为循环节的结果. 通过实例演算了竖式除法. 两整数之商 (quotient) 也是一个十进小数, 把有限次演算可除尽的情形人为地认为可继续无限步骤地做虚功—— 继续以零为商除下去, 就得到以 0 为循环节的无限小数为商. 同时, 把以 9 为循环节的情形排除. 对于正整数开平方, 把开得尽的情形所得的结果写成以 0 为循环节的十进无限小数, 如 $\sqrt{16} = 4.00\cdots$, 则开方的结果总能写成十进无限小数.

九年义务教育三年制初级中学教科书《代数》第二册 (人民教育出版社,1993) 中明确规定: **无限循环小数叫做有理数, 无限不循环小数叫做无理数, 统称为实数.**

以下把“无限”二字统统略去, 在一般情况下, 也把“小”字略去, 简称无限循环小数为**循环数**, 简称无限不循环小数为**不循环数**，简称十进无限小数为**十进数**.

这里可能要提醒一下，目前还不曾严格证明，把以 0 为循环节的"循环数"的循环节略掉所得的有限小数与原来的无限小数代表同一事物(尽管前面测量线段、作除法、开平方时，都相当明确地表述了两者的同一). 我们认为，有限小数是有理数的本原表示，而以 0 为循环节的循环数不是本原表示. 于是中学课本中说过的十进数给出了实数的一种表示. 叫做十进表示，对于有理数而言，这种表达形式不同于本原表示.

中学课本已经完全正确地叙述了"实数"的十进表示形式，这是有重要学术意义的. 但是，在中学课本中，不仅没有能力解释"不循环数"如何表示"无理数"，就连"循环数"如何表示"有理数"也没作出解释. 试想，初中二年级的课本中在规定了"正的整数和分数、负的整数和分数以及零叫做有理数"之后，又规定了"循环数叫做有理数"(此刻把以零为循环节的情形包含在内，以区别于有限小数). 这样，有理数就得到了两种表示，一种是本原表示，即分数 (包括有限小数)，一种是循环数. 两者以怎样的方式统一起来呢? 这是需要进行严格论证的问题; 否则，学生的理解只能停留在直觉的完全感性的水平上. 当然, 这种直觉完全正确, 这种感性的承认十分自然, 以至于人们可以把这种自然的感知不问青红皂白地保持一辈子.

要想把对于上述十进表示的理解从感性上升到理性, 必须引入**极限**的概念.

陶哲轩 (Terence Tao) 在《陶哲轩实分析》(人民邮电出版社,2008) 第 75 页中说, "从有理数得到实数, 乃是从一个 '离散的' 系统到一个 '连续的' 系统的过渡, 它要求引入有些不同的概念 —— 极限的概念." 原文如下:

> But to get the reals from the rationals is to pass
>
> from a "discrete" system to a "continuous" one,
>
> and requires the introduction of a somewhat different
>
> notion——that of a limit.

极限在历史上曾经是一个艰深的概念, 而在现代数学中, 由于它不可缺失的基础性的地位, 它已经日益成为一个常识性的概念, 不掌握它就没办法真正掌握高等数学. 另一方面, 随着人类认识能力的提高, 严格地掌握极限概念变得越来越容易. 问题是要认真地学、严格地学. 引入极限概念是理解实数的十进表示的必由之路.

习　题　2

1. 证明式 (2.3).

2. 证明: 用本章的开方法算出的正整数的平方根, 除了以 0 为循环节的情形外, 不可能是循环小数.

3. 手工计算 $\sqrt{3}$, 算到小数点后第 5 位 (注意: 这里绝对没说手工计算的结果是 $\sqrt{3}$ 的十进表示, 本题旨在练习“手工开方”).

4. 证明: 对于任意正的十进有限小数 A, 都可以利用本章所述的开方法.

第3章

有理数列的极限

用 $\mathbb{N}$ 代表自然数集, $\mathbb{Z}$ 代表整数集, 并用 $\mathbb{N}_+$ 代表正整数集, 注意:

$$\mathbb{N} = \mathbb{N}_+ \bigcup \{0\}.$$

一切整数都用十进位阿拉伯符号表示. 用 $\mathbb{Q}$ 代表有理数集, 也就是说, 根据有理数的本原表示,

$$\mathbb{Q} = \left\{ \frac{m}{n} : m \in \mathbb{Z}, n \in \mathbb{N}_+ \right\}.$$

先来叙述一个重要的数学概念——**映射**.

定义 3.1 设 A 和 B 都是不空的集合 (简称为集). 若有一个法则, 使得对于 A 的任意一个元素 (简称为元)a, 按照这个法则, 有 B 中唯一一个元素 b 与之对应, 则称这个法则为从 A 到 B 的映射. 可以任意选定一个英文字母来代表映射, 如用字母 f 表示. 把"f 是从集 A 到集 B 的映射"这个语句记作 $f: A \to B$. 设 a 是 A 的一个元, 记作 $a \in A$(读作 a 属于 A). 于是映射 f 使得在

B 中有唯一的一个元 b 与 a 相对应, 把 b 叫做 a 在映射 f 下的像, 记作 $f(a)$, 即 $b=f(a)$, 称 f 把 a 映到 b, 称 a 为 b 在映射 f 下的**原像**. 用符号 $\{f(a): a\in A\}$ 表示 A 的一切元的像的全体所成的集合, 记为 $f(A)$, 叫做 A 在 f 下的像 (或值域).

如果 f 把不同的元映到不同的元, 也就是说, 只要 $a,a'\in A$ 且 $a\neq a'$, 就成立 $f(a)\neq f(a')$, 就称 f 为**单射**; 如果 B 的每个元都是 A 的某个 (可以是多个) 元的像, 则称 f 为**满射**. 如果 $f: A\to B$ 既是满射又是单射, 则称 f 为**满单射**, 也叫做**一一映射**或**可逆映射**. 这时, 从 B 中的元 b 到它在映射 f 下的原像 a 的对应构成一个从 B 到 A 的满单射, 记作 f^{-1}, 叫做 f 的**逆映射**.

例 3.1 数 (读第三声) 数 (读第四声) 的数学本质是建立集合与正整数集合的一个 “前集” 的满单射.

先解释一下正整数集合的 “前集” 指的是什么. 已经知道, 正整数集合 $\mathbb{N}_+$ 的元素从小到大形成了一个 “天然的顺序”. 对于任何一个正整数 n, 把不超过 n 的正整数的全体所组成的集合叫做 $\mathbb{N}_+$ 的一个前集, 它恰含有 n 个元. 于是集合

$$\{1\},\quad \{1,2\},\quad \{1,2,3\},\quad \cdots$$

都是前集.

如果让数一数教室里有多少张桌子,一定会数. 想想看,这是不是在建立这些桌子到正整数的一个前集的满单射. 结果,这个前集的最大元 (最大的那个正整数) 就是数出来的桌子数.

一个班的士兵集合起来排成一横排,班长下令"报数",于是从排头到排尾,一个一个地逐次报 1, 2, 3,$\cdots$. 假设最后一位报到 16, 于是这就是报数的士兵的总数. 这个报数的过程不折不扣地就是建立从这些报数的士兵的集合到最大数为 16 的正整数前集的满单射的过程.

数一数粉笔盒里有多少支粉笔的过程实质上也是这样的建立满单射的过程. 当然,也可以一对一对 (两个一对) 地数,然后把结果乘以 2. 但那也是在建立另一形式的满单射,也就是说,先把粉笔分对,每对 2 支,再建立从由这些分好的粉笔对组成的集合到一个前集的满单射.

例 3.2 同一个班的学生的集合到他们的学号的映射是单射. 如果仅局限于这个班的学生的学号的集合,则这个映射当然是满的且有逆映射.

例 3.3 对于 $n \in \mathbb{N}_+$, 令 $f(n) = 2n$, 则 $f : \mathbb{N}_+ \to \mathbb{N}_+$ 是

单射, 但不是满射. 若令 $B=\{2n:n\in\mathbb{N}_+\}$, 则 $B=f(\mathbb{N}_+)$. 映射 $f:\mathbb{N}_+\to B$ 是满单射, 它的逆映射 $f^{-1}:B\to\mathbb{N}_+$ 由 $f^{-1}(k)=\dfrac{k}{2}\ (k\in B)$ 给出.

定义 3.2(有理数列) 若 f 是从 $\mathbb{N}_+$ 到 $\mathbb{Q}$ 的映射, 并且规定次序如下: 当 $j<k$ 时, $f(j)$ 在 $f(k)(j,k\in\mathbb{N}_+)$ 的前面, 则称 f 为有理数列, 记作

$$f=\{f(n)\}_{n=1}^{\infty}.$$

数列中的数 $f(n)$ 叫做数列的第 n 项. 当然, 也可使用其他记号, 如 a_n 或 b_n 等来代替 $f(n)$, 也可以把数列展开来写成

$$f(1),\quad f(2),\quad f(3),\quad \cdots.$$

注意: 数列总是由无限多项组成的. 数列 f 的值域 $f(\mathbb{N}_+)=\{f(n):\ n\in\mathbb{N}_+\}$ 与数列 $f=\{f(n)\}_{n=1}^{\infty}$ 是两回事. 例如, 当 $f(n)$ 恒等于 1 时, 数列 $f=1,1,1,\cdots$, 但 $f(\mathbb{N}_+)=\{1\}$ 是一个只含数 1 为其元素的单元素集.

定义 3.3(有理数列的极限) 设 $f=\{f(n)\}_{n=1}^{\infty}$ 是有理数列. 如果有一个有理数 ℓ, 使得对于任意的 $k\in\mathbb{N}_+$, 总找得到一个与 k 的大小有关的数 $n_k\in\mathbb{N}_+$, 使得当 $n>n_k$ 时, $|f(n)-\ell|<\dfrac{1}{k}$, 则称数列 f **收敛**到极限 ℓ, 记作

$\lim\limits_{n\to\infty} f(n) = \ell.$

你觉得定义 3.3 费解吗? 定义 3.3 是理解实数的十进表示所不可缺少的概念. 你也许是初次接触这样的概念, 可能不习惯. 如果是这样, 那就无妨把它抄写一两遍, 然后背下来, 结合下面的例题和本章的习题反复琢磨, 看看能不能接受. 这可是培养逻辑能力的极好机会.

从定义 3.3 看到, 数列 $\{f(n)\}_{n=1}^{\infty}$ 收敛到 ℓ 与数列 $\{f(n)-\ell\}_{n=1}^{\infty}$ 收敛到 0 等价, 也与数列 $\{|f(n)-\ell|\}_{n=1}^{\infty}$ 收敛到 0 等价.

例 3.4 正整数的倒数数列 $\left\{\dfrac{1}{n}\right\}_{n=1}^{\infty}$ 收敛到 0, 可以直接由定义 3.3 得出.

例 3.5 设 $q \in \mathbb{Q}$ 且 $0 < q < 1$. 数列 $\{q^n\}_{n=1}^{\infty}$ 是熟知的公比 (即后一项与前一项的比) 为 q 的等比数列, 则

$$\lim_{n\to\infty} q^n = 0.$$

证明 q 的本原表示具有形状 $q = \dfrac{s}{s+h}$, 其中 $s, h \in \mathbb{N}_+$. 于是

$$\left(1+\frac{h}{s}\right)^n \geqslant 1 + n\frac{h}{s}.$$

上述不等式当 $n = 1$ 时显然成立. 假定它当 $n = k$ 时成

立, 则当 $n=k+1$ 时,

$$\begin{aligned}\left(1+\frac{h}{s}\right)^{k+1} &= \left(1+\frac{h}{s}\right)^{k}\left(1+\frac{h}{s}\right)\\ &\geqslant \left(1+k\frac{h}{s}\right)\left(1+\frac{h}{s}\right)\\ &= 1+k\frac{h}{s}+\frac{h}{s}+k\left(\frac{h}{s}\right)^{2}\\ &\geqslant 1+(k+1)\frac{h}{s}.\end{aligned}$$

这就证明了不等式对于一切正整数 n 都成立.

这种论证方法叫做数学归纳法, 是一种十分有效的论证方法.

对于任意的 $k\in\mathbb{N}_{+}$, 取整数 n_k, 使得 $n_k\dfrac{h}{s}>k$, 如取

$$n_k=\left[\frac{ks}{h}\right]+1$$

就可以, 其中符号 $[x]$ 代表不超过有理数 x 的最大整数. 于是当 $n>n_k$ 时, 下式必成立:

$$|q^n-0|=q^n=\frac{1}{\left(1+\frac{h}{s}\right)^{n}}<\frac{1}{\left(1+\frac{h}{s}\right)^{n_k}}<\frac{1}{n_k\frac{h}{s}}<\frac{1}{k},$$

所以根据极限的定义证明了

$$\lim_{n\to\infty}q^n=0. \qquad \square$$

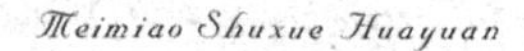

例 3.6 设 $q \in \mathbb{Q}$ 且 $0 < q < 1$. 令 $s_n = \sum_{k=0}^{n} q^k (n \in \mathbb{N}_+)$, 这个符号的意思是

$$\sum_{k=0}^{n} q^k := 1 + q^1 + \cdots + q^n,$$

用 ":=" 表示等号右边的内容是冒号左边的符号的定义.

现在来考察数列 $\{s_n\}_{n=1}^{\infty}$ 的极限. 已经知道

$$s_n = \frac{1 - q^{n+1}}{1 - q}.$$

显然,

$$0 < \frac{1}{1-q} - s_n = \frac{q^{n+1}}{1-q}, \quad \lim_{n \to \infty} \left(\frac{1}{1-q} - s_n \right) = 0,$$

所以

$$\lim_{n \to \infty} s_n = \frac{1}{1-q}.$$

定义 3.4(基本列 ——Cauchy 列) 设 $f = \{f(n)\}_{n=1}^{\infty}$ 是有理数列. 如果对于任意的 $k \in \mathbb{N}_+$, 总找得到一个与 k 的大小有关的数 $n_k \in \mathbb{N}_+$, 使得当 $m, n > n_k$ 时,

$$|f(m) - f(n)| < \frac{1}{k},$$

则称数列 f 为基本列 (或 Cauchy 列).

柯西 (Cauchy Augustin Louis, 1789~1857), 法国人, 是严格的极限理论的奠基人.

定理 3.1 收敛数列必是基本列.

证明 设数列 f 收敛到 ℓ, 则不管 $k \in \mathbb{N}_+$ 多大, 总找得到 $n_k \in \mathbb{N}_+$, 使得当 $n > n_k$ 时, $|f(n) - \ell| < \dfrac{1}{2k}$. 于是当 $m, n > n_k$ 时,

$$|f(m) - f(n)| < |f(m) - \ell| + |\ell - f(n)| < \frac{1}{k}. \qquad \square$$

定义 3.5 设 f 和 g 都是有理数列. 如果

$$\lim_{n\to\infty} [f(n) - g(n)] = 0,$$

则称数列 f 和数列 g 等价.

显然, 数列的等价关系具有反身性、对称性和传递性. 也就是说, 任何数列 f 必与自己等价; 若数列 f 与数列 g 等价, 则 g 与 f 等价; 若数列 f 与 g 等价且数列 g 与数列 h 等价, 则 f 与 h 等价.

数列的等价性说的是“同样的收敛性”. 如果有理数列 f 和 g 等价, 则由 f 收敛知 g 也收敛, 并且两者收敛到同一极限. 当然, 由 f 不收敛知 g 也不收敛.

定义 3.6(子列) 设 f 和 g 都是数列, g 只取自然数值且严格增, 即对于一切 $n \in \mathbb{N}_+$ 有 $\mathbb{N}_+ \ni g(n) < g(n+1)$,

则称数列

$$\{f(g(n))\}_{n=1}^{\infty}$$

为 f 的子列, 记作 $f\circ g$.

在定义 3.6 中, 用了倒写的属于号 $\ni$.

直白地说, 数列的子列是从数列中保持原顺序取出无限多项所成的数列.

定理 3.2 若 f 是基本列, 则它的子列与它等价.

定理的证明是简单的, 留作习题.

定理 3.3 若 f 和 g 分别收敛到 a 和 b, 并且 $c, d\in\mathbb{Q}$, 则

$$\lim_{n\to\infty}[cf(n)+dg(n)]=ca+db,\quad \lim_{n\to\infty}[f(n)g(n)]=ab.$$

如果还知道 $b\neq 0$, 则

$$\lim_{n\to\infty}\frac{f(n)}{g(n)}=\frac{a}{b}.$$

注 3.1 由于 $b\neq 0$, 当 n 充分大时必有 $g(n)b>0$ 成立, 所以 $\dfrac{f(n)}{g(n)}$ 对于大的 n 有定义. 于是谈到数列 $\left\{\dfrac{f(n)}{g(n)}\right\}$, 不言而喻地仅从一个较大的号码 $N\in\mathbb{N}_+$ 开始, 以保证它的每项都是有理数而删除使 $g(n)=0$ 的前面的有限项. 这样的数列 $\left\{\dfrac{f(n)}{g(n)}\right\}_{n=N}^{\infty}$ 的极限当然与 N 具体取什

么值没有关系.

定理的证明是简单的, 留作习题.

规定: 一个数列 $\{f(n)\}_{n=1}^{\infty}$ 是有上界的, 是指存在一个数 a, 使得对于每个 $n \in \mathbb{N}_+$ 都有 $f(n) < a$; 一个数列 $\{f(n)\}_{n=1}^{\infty}$ 是有下界的, 是指存在一个数 b, 使得对于每个 $n \in \mathbb{N}_+$ 都有 $f(n) > b$; 一个数列 f 有界, 是指它既有上界又有下界. 显然, 收敛的数列是有界的 (见本章习题第 7 题).

最后说一下, 从几何的观点来说, 在有理数集合内, 每个数被看成一个点, 两个数的差的绝对值被看成是这两个数代表的点之间的距离, 也可以直接称为这两个数的距离. 数列的"极限"所赖以定义的媒介就是"距离". "距离"必须具备的一条本质性质是: 任意两点之间的距离不超过它们各自和第三点之间的距离之和. 这条性质叫做"三角形不等式". $\mathbb{Q}$ 中的距离是满足这个不等式的, 即任取 $a, b, c \in \mathbb{Q}$,

$$|a-b| \leqslant |a-c| + |b-c|.$$

值得注意的是, 定义 3.3 中说到的收敛是针对一个明确的范围而言的. 在 $\mathbb{Q}$ 内, 尽管每个收敛的数列一定是基本列 (定理 3.1), 但逆命题"每个基本列都收敛"并

不成立 (见下面的例 3.7). 讨论实数的十进表示的一个重要目的就是借助于十进表示**证明**“每个基本列都收敛”这个命题在实数范围内成立, 这就是实数集作为距离空间的**完备性**.

例 3.7 设

$$f(n)=\sum_{k=0}^{n}\frac{1}{k!},\quad n\in\mathbb{N}_+,$$

其中作为定义, $0!:=1$. 那么 $\{f(n)\}_{n=1}^{\infty}$ 是基本列, 但它不收敛到任何有理数.

先证明 $\{f(n)\}_{n=1}^{\infty}$ 是基本列. 设正整数 $m>n>2$. 那么, 对于 $k>n$, $k!=2\cdot 3\cdot\cdots\cdot k>2^{k-1}$. 所以

$$\frac{1}{(n+1)!}\leqslant f(m)-f(n)=\sum_{k=n+1}^{m}\frac{1}{k!}\leqslant\sum_{k=n+1}^{m}\frac{1}{2^{k-1}}<\frac{1}{2^{n-1}}.$$

由此可见, $\{f(n)\}_{n=1}^{\infty}$ 是基本列.

下面用反证法来证明有理数列 f 不收敛到任何有理数.

假设 f 收敛到有理数 $\frac{m}{n}$, 这里, m,n 都是正整数. 即

$$\lim_{j\to\infty}\sum_{k=0}^{j}\frac{1}{k!}=\frac{m}{n}.$$

那么

$$\frac{m}{n}=\sum_{k=0}^{n+1}\frac{1}{k!}+\lim_{j\to\infty}\sum_{k=n+2}^{j}\frac{1}{k!}.$$

两端同乘以 $(n+1)!$, 得到

$$(n+1)!\Big(\frac{m}{n}-\sum_{k=0}^{n+1}\frac{1}{k!}\Big)=(n+1)!\lim_{j\to\infty}\sum_{k=n+2}^{j}\frac{1}{k!}.$$

此式左端显然是正整数，记之为 p. 那么

$$p=\lim_{j\to\infty}\sum_{k=n+2}^{j}\frac{(n+1)!}{k!}.$$

当 $k\geqslant n+2$ 时,

$$\frac{(n+1)!}{k!}=\frac{1}{(n+2)\cdot\cdots\cdot k}\leqslant\frac{1}{(n+2)^{k-n-1}}.$$

所以

$$\lim_{j\to\infty}\sum_{k=n+2}^{j}\frac{(n+1)!}{k!}\leqslant\lim_{j\to\infty}\sum_{k=n+2}^{j}\frac{1}{(n+2)^{k-n-1}}.$$

记 $q=\dfrac{1}{n+2}$. 那么, 根据例 3.6 的结果, 上式右端等于

$$\lim_{j\to\infty}\sum_{k=1}^{j}q^k=\frac{q}{1-q}=\frac{1}{n+1}\leqslant\frac{1}{2}.$$

这样我们就得到正整数 p 必须满足不等式

$$p\leqslant\frac{1}{2}.$$

这是不可能的. 这就证明, f 不收敛到任何有理数.

习　题　3

1. 设有理数列 f 和 g 等价. 如果 f 收敛到 $\ell \in \mathbb{Q}$, 则 g 也收敛到 ℓ.

2. 请给出定理 3.2 的证明.

3. 请给出定理 3.3 的证明.

4. 设

$$t_n = \sum_{k=1}^{n} \frac{1}{k(k+1)} := \frac{1}{1\cdot 2} + \cdots + \frac{1}{n\cdot(n+1)},$$

求 $\lim\limits_{n\to\infty} t_n$.

5. 设 $a \in \mathbb{Q}, a > 1, k \in \mathbb{N}_+$, 求

$$\lim_{n\to\infty} \frac{n^k}{a^n}.$$

6. 设有理数列 $\{x_n\}_{n=1}^{\infty}$ 和 $\{y_n\}_{n=1}^{\infty}$ 分别收敛到有理数 x 和 y, 求证

$$\lim_{n\to\infty} \max\{x_n, y_n\} = \max\{x, y\}.$$

注意: $\max\{\cdots\}$ 表示 $\{\ \}$ 中数的最大者, max 是 maximum 的略写.

7. 证明基本列一定是有界的.

8. 设 f, g 都是有极限的数列. 若对于每个 $n \in \mathbb{N}_+$ 都有

$f(n) \leqslant g(n)$, 则

$$\lim_{n\to\infty} f(n) \leqslant \lim_{n\to\infty} g(n).$$

9. 根据定义证明下列各式:

(1) $\lim\limits_{n\to\infty} \dfrac{4n}{2n+1} = 2$;　　(2) $\lim\limits_{n\to\infty} \dfrac{3n}{4-5n} = -\dfrac{3}{5}$.

10. 设 f 和 g 是彼此等价的有理数列. 证明: 若 f 是基本列, 则 g 也是基本列.

第 4 章

实数的十进表示的定义，标准列的概念

本章的目的只是把初中课本中关于十进数的说法，重新严格地进行规定，并且引入一个叫做“标准列”的概念.

定义 4.1 设 $a_k \in \{0,1,\cdots,9\}(k \in \mathbb{N}_+)$，并且不管 N 多大，都存在 $k > N$，使得 $a_k < 9$. 设 $p \in \mathbb{Z}$，p 用十进制表示. 称记号

$$p + 0.a_1a_2a_3\cdots \tag{4.1}$$

为**十进数**，叫做实数的十进表示，简称为**实数**. 称 p 为它的整部. 全体十进数的集合记作 $\mathbb{R}$. $\mathbb{R}$ 中的不循环小数简称为不循环数. 不循环数所表示的实数叫做**无理数**，也直接简称不循环数为无理数. 当 $p = 0$ 时，简记 $0 + 0.a_1a_2a_3\cdots$ 为 $0.a_1a_2a_3\cdots$.

这里，规定了不循环数表示的实数叫做无理数. 至于有理数，已明确地知道它们的本原表示，所以“循环数

也表示有理数”这个命题应该是一个需要证明的命题. 初中课本中因为缺少“极限”概念而无法证明, 就把它硬性地作为“定义”了.

注意：当前没有对于“十进数”作任何进一步的说明, 式 (4.1)(回想一下式 (2.2)) 只是一个记号, 其中加号 + 没有任何含义. 把实数的十进表示简称为实数, 就像把中文字曹操叫做名字为“曹操”的人一样, 当然, 这个人还有别的名字, 如“曹孟德”、“曹阿瞒”, 所以定义 4.1 只是实数的十进表示的定义, 而不是“实数”的定义, 称符号 (4.1) 为实数, 只不过是对于实数的呼叫, 就像呼叫人的名字一样.

当然, 记号 (4.1) 的重要性在于它不仅是个记号, 而且具有记号之外的重要的数学含义, 这就不是简单的“人名”之类的记号可以相比的. 下面要做的就是阐述记号 (4.1) 的这些数学含义, 包括实数之间的加、减、乘、除运算, 实数的绝对值, 实数之间的大小关系, 实数之间的“距离”以及实数序列的极限等. 正是具备了这样丰富的数学结构, 实数的全体才有资格叫做 (一维的)“欧几里得 (Euclid) 空间”. 可以毫不夸张地说, 不懂得 Euclid 空间就不懂得现代数学. 而“十进数”(即记号 (4.1)) 正是表示 Euclid 空间最常用的得力工具.

对于十进数中的循环数, 也重新写一下定义.

定义 4.2 设 $m\in\mathbb{N}_+$, $a_1,\cdots,a_m$ 是 m 个不全为 9 的取值于 $\{0,1,\cdots,9\}$ 的数字. 设 $p\in\mathbb{Z}$, 把十进数

$$p+0.a_1\cdots a_m a_1\cdots a_m\cdots \tag{4.2}$$

叫做以 $a_1\cdots a_m$ 为循环节的 (十进)**循环数**, 简记为

$$p+0.\dot{a}_1\cdots\dot{a}_m.$$

如果 $b_1,\cdots,b_\mu\in\{0,1,\cdots,9\}$ $(\mu\in\mathbb{N}_+)$, 则也把十进数

$$p+0.b_1\cdots b_\mu a_1\cdots a_m a_1\cdots a_m\cdots \tag{4.3}$$

叫做以 $a_1\cdots a_m$ 为循环节的 (十进)**循环数**, 简记为

$$p+0.b_1\cdots b_\mu\dot{a}_1\cdots\dot{a}_m.$$

注 4.1 按定义 4.2, 同一个循环数可以有不同的记法 (和不同的循环节). 例如, 十进数

$$0.01010101\cdots$$

既可以写成 $0.0\dot{1}$, 也可以写成 $0.0\dot{1}\dot{0}$, 而且 $0.\dot{2}$ 和 $0.\dot{2}\dot{2}$ 表示同一个数. 但无论如何, 单个数字 9 不可以是循环节 (用定义的形式排除了以 9 为循环节的情形).

如果对于符号 (4.1)(包括 (4.2), (4.3)) 的理解只停留在符号本身, 是很不方便的, 所以引入一个和它地位相同但便于处理的概念.

定义 4.3 设 $p+0.a_1a_2a_3\cdots$ 是一个十进数, 简记为 A. 令

$$A_n = p + 0.a_1\cdots a_n = p + \sum_{k=1}^{n} \frac{a_k}{10^k}, \quad n \in \mathbb{N}_+.$$

称有理数列

$$\{A_n\}_{n=1}^{\infty} \tag{4.4}$$

为**与十进数 (4.1) 对等的数列**. 与一个十进数对等的数列叫做**标准列**.

定义 4.3 实际上规定了 (4.1) 的另一种写法, 它把 (用十进制表示的) 实数表示成特定的有理数列 —— 标准列. 在标准列中, 每一项都是本原表示的有理数. 下面将看到这种写法在定义实数的算术运算时起到了关键性的作用.

注意: 定义 4.3 中, $A_n = p + 0.a_1\cdots a_n$ 的右端明确表示两个本原表示的 (十进制) 有理数 p 和 $0.a_1\cdots a_n$ 的算术和, 其中加号 $+$ 确切表示加法, A_n 为一个本原表示的有理数.

定理 4.1 标准列是基本列.

证明 设 $g = \{p + f(n)\}_{n=1}^{\infty}$ 是标准列, 其中 $p \in \mathbb{Z}$, $f(n)$ 是有限小数,

$$f(n) = 0.a_1a_2\cdots a_n, \quad n \in \mathbb{N}_+.$$

对于任给的 $k \in \mathbb{N}_+$, 当 $\mu, \nu \in \mathbb{N}_+$ 且 $\mu, \nu > k$ 时, 显然有

$$|g(\mu) - g(\nu)| = |f(\mu) - f(\nu)| < 10^{-k} < \frac{1}{k}. \qquad \square$$

习　题　4

1. 写出十进数 $(-2) + 0.36\dot{0}$ 所对等的标准列.

2. 写出十进数 $(-2) + 0.17\dot{3}682\dot{7}$ 所对等的标准列的前 11 项.

3. 证明两个不同的标准列是不等价的.

第 5 章

有理数的十进表示

下面从极限的观点, 对于有理数的十进表示作一个严格的讨论, 目的是把有理数的本原表示与十进表示(即循环数) 沟通起来.

设 $\{A_n\}_{n=1}^{\infty}$ 是与十进数 (4.2) 对等的数列, 于是这个数列的第 mn 项是

$$A_{(mn)} = p + (0.a_1 \cdots a_m) \times \left(\sum_{k=0}^{n-1} \frac{1}{10^{mk}} \right),$$

它是本原表示的有理数. 根据例 3.3 讨论过的事实,当取 $q = \frac{1}{10^m}$ 时, 数列

$$\left\{ \sum_{k=0}^{n-1} \frac{1}{10^{mk}} \right\}_{n=1}^{\infty}$$

收敛到 $\frac{1}{1-\frac{1}{10^m}}$, 所以

$$\lim_{n\to\infty} A_{(mn)} = p + \frac{0.a_1 \cdots a_m}{1-\frac{1}{10^m}} \in \mathbb{Q}.$$

记 $r=p+\dfrac{0.a_1\cdots a_m}{1-\dfrac{1}{10^m}}$,这是一个本原表示的有理数. 由于数列 $\{A_{(mn)}\}_{n=1}^{\infty}$ 是标准列 $\{A_n\}_{n=1}^{\infty}$ 的子列, 所以有理数列 $\{A_n\}_{n=1}^{\infty}$ 收敛到同一极限, 即

$$\lim_{n\to\infty} A_n = r. \tag{5.1}$$

同理, 与十进数 (4.3) 对等的数列收敛到

$$p+0.b_1\cdots b_\mu+\frac{0.a_1\cdots a_m}{(1-\dfrac{1}{10^m})10^\mu}\in\mathbb{Q}. \tag{5.2}$$

定义 5.1 把循环数 (4.2) 和 (4.3) 分别叫做它们所对等的有理数列 (标准列) 的极限 (5.1) 和 (5.2) 的十进表示.

要使定义 5.1 有意义, 还必须证明这种表示的唯一性, 即下述命题, 它的证明已含在习题 4 的第 3 题中了. 为了完整, 这里给出证明.

命题 5.1 不同的循环数所表示的有理数是不同的.

证明 设 $p+0.c_1c_2c_3\cdots$ 和 $q+0.d_1d_2d_3\cdots$ 是两个 (形如 (4.3) 或 (4.4) 的) 不同的循环数, $\{C_n\}_{n=1}^{\infty}$ 和 $\{D_n\}_{n=1}^{\infty}$ 分别是与它们对等的标准列.

如果 $p\neq q$, 不妨认为 $p>q$, 则可以找到某 $k\in$

$\mathbb{N}_+(k>2)$, 使得 $d_k<9$. 于是当 $n>k$ 时,

$$C_n \geqslant p, \quad D_n \leqslant q+0.9\cdots9(d_k+1) \leqslant q+\frac{10^k-1}{10^k}.$$

于是当 $n>k$ 时,

$$C_n-D_n \geqslant p-q-1+\frac{1}{10^k} \geqslant \frac{1}{10^k},$$

从而

$$\lim_{n\to\infty} C_n \geqslant \lim_{n\to\infty} D_n+\frac{1}{10^k}.$$

设 $p=q$, 则存在一个自然数 ℓ, 使得 $c_\ell \neq d_\ell$ 并且如果 $\ell>1$, 则对于一切正整数 $j<\ell$ 都成立 $c_j=d_j$. 不妨认为 $c_\ell>d_\ell$, 于是可以找到某 $k\in\mathbb{N}_+(k>\ell)$, 使得 $d_k<9$. 于是当 $n>k$ 时,

$$C_n \geqslant p+0.c_1\cdots c_\ell\cdots c_k,$$

$$D_n \leqslant p+0.d_1\cdots d_\ell\cdots(d_k+1),$$

所以当 $n>k$ 时,

$$C_n-D_n \geqslant \frac{1}{10^k},$$

从而

$$\lim_{n\to\infty} C_n \geqslant \lim_{n\to\infty} D_n+\frac{1}{10^k}. \qquad \square$$

现在明白了循环数表示有理数的确切含义, 但问题还没完全解决, 还必须证明关于表示的存在性的命题, 即下述命题:

命题 5.2 任意一个 (本原表示的) 有理数都可以表示成形如 (4.2) 或 (4.3) 的循环数, 也就是说, 它是这个循环数所对等的标准列的极限.

证明 只需证明每个正的真分数都可以表示成形如 (4.2) 或 (4.3) 的循环数.

设 $r=\dfrac{m}{n}$ 是既约分数, $m,n\in\mathbb{N}_+$, $m<n$, 则存在 $r_1,m_1\in\mathbb{N}$, 满足

$$10m=r_1n+m_1,\quad 0\leqslant r_1\leqslant 9, 0\leqslant m_1<n.$$

同理, 存在 $r_2,m_2\in\mathbb{N}$, 满足

$$10m_1=r_2n+m_2,\quad 0\leqslant r_2\leqslant 9,\ 0\leqslant m_2<n.$$

继续下去, 一般地, 得到 $r_k,m_k\in\mathbb{N}(k\in\mathbb{N}_+)$, 满足

$$10m_k=r_{k+1}n+m_{k+1},\quad 0\leqslant r_{k+1}\leqslant 9,\ 0\leqslant m_{k+1}<n.$$

由于 $0\leqslant m_k<n$, 所以在 $m_1,\cdots,m_{n+1}$ 这 $n+1$ 个小于 n 的非负整数中, 至少有两个是相等的. 也就是说, 一

定存在一个 $\nu \in \mathbb{N}_+(\nu \leqslant n)$, 使得 $m_{\nu+1}$ 与 $m_1, \cdots, m_\nu$ 中的一个数相同, 设这个数是 $m_\mu(\mu \in \{1, \cdots, \nu\})$, 并且诸 $m_1, \cdots, m_\nu$ 两两不同, 于是得到

$$\begin{aligned} 10^\mu m &= 10^{\mu-1} r_1 n + 10^{\mu-1} m_1 \\ &= 10^{\mu-1} r_1 n + 10^{\mu-2} r_2 n + 10^{\mu-2} m_2 \\ &= 10^{\mu-1} r_1 n + 10^{\mu-2} r_2 n + \cdots + 10^{\mu-\mu} r_\mu n + m_\mu. \end{aligned}$$

由此可见

$$\frac{m}{n} = 0.r_1 \cdots r_\mu + \frac{m_\mu}{10^\mu n}. \tag{5.3}$$

已经知道

$$\begin{aligned} 10m_\mu &= r_{\mu+1} n + m_{\mu+1}, \\ 10m_{\mu+1} &= r_{\mu+2} n + m_{\mu+2}, \\ &\vdots \\ 10m_\nu &= r_{\nu+1} n + m_{\nu+1}. \end{aligned}$$

把 $\nu + 1 - \mu$ 记作 p, 把 $r_{\mu+j}$ 记作 $a_j (j = 1, \cdots, p)$, 则

$$10^p m_\mu = 10^{p-1} a_1 n + \cdots + 10^0 a_p n + m_{\nu+1}.$$

也就是说,

$$\frac{m_\mu}{n} = 0.a_1 \cdots a_p + \frac{m_{\nu+1}}{10^p n}.$$

为简单起见, 把十进有限小数 $0.a_1\cdots a_p$ 记作 a. 注意到 $m_\mu = m_{\nu+1}$, 于是得到

$$\frac{m_\mu}{n} = a + \frac{m_\mu}{n}\frac{1}{10^p},$$

从而

$$\frac{m_\mu}{n} = \frac{a}{1-\dfrac{1}{10^p}}. \tag{5.4}$$

由于 $m_\mu < n$, 所以 $a < 1-\dfrac{1}{10^p} = 0.9\cdots 9$. 这表明 $a_1, \cdots, a_p$ 不可能全是 9. 可以看到 $\dfrac{m_\mu}{n}$ 是以 $a_1\cdots a_p$ 为循环节的循环数.

把 (5.4) 代入 (5.3) 得

$$\frac{m}{n} = 0.r_1\cdots r_\mu + \frac{1}{10^\mu}\frac{a}{1-\dfrac{1}{10^p}}. \tag{5.5}$$

根据 (5.2) 可以看到, 有理数 $\dfrac{m}{n}$ 是以 $a_1\cdots a_p$ 为循环节的循环数. □

把命题 5.1 和命题 5.2 合起来就得到下述定理:

定理 5.1(按定义 5.1) 每个有理数都有唯一一个循环数为其表示, 每个循环数也都表示一个有理数.

现在可以看到, 除了本原 (分数) 表示, 有理数还有循环数表示, 循环数所表示的有理数是它所对等的标准

列 (本原表示的有理数列) 的极限 (以本原形式表示的有理数). 在这个意义上, (5.1) 中的 r(本原表示) 与 (4.2) 中的循环数 $p+0.\dot{a}_1\cdots\dot{a}_m$ 表示同一个有理数, 所以两者之间可以画等号. 同样, (5.2) 中的本原表示与 (4.3) 中的循环数表示表达的是同一个有理数, 两者可画等号, 即

$$p+0.b_1\cdots b_\mu+\frac{0.a_1\cdots a_m}{(1-\frac{1}{10^m})10^\mu}=p+0.b_1\cdots b_\mu\dot{a}_1\cdots\dot{a}_m.$$

按定理 5.1, 可把有理数与其十进数表示等同看待. 例如, 若 $a\in\mathbb{Q}$, a 的十进表示是 $p+0.a_1a_2a_3\cdots$, 则记

$$a=p+0.a_1a_2a_3\cdots. \tag{5.6}$$

这与在初级中学学过的知识是一样的. 然而, 现在的认识提高了一步, 因为已经知道了循环数所表示的有理数是与这个循环数对等的标准列的极限. 以后把与一个有理数的十进表示对等的标准列也直接叫做与这个有理数对等的标准列.

设 (5.6) 是有理数的十进表示, 则 (5.6) 是循环数. 把与它对等的标准列记作 $f=\{f(n)\}_{n=1}^{\infty}$. 于是 f 是一个单调增的数列 (即前项不大于后项的数列), 并且对于任意的 $m,n\in\mathbb{N}_+$, 当 $m>n$ 时,

$$f(n)\leqslant f(m)\leqslant f(n)+\frac{1}{10^n}.$$

令 $m \to \infty$ 得到

$$f(n) \leqslant a = \lim_{m\to\infty} f(m) \leqslant f(n) + \frac{1}{10^n}. \tag{5.7}$$

式 (5.7) 给出了有理数和与它对等的标准列的第 n 项的偏差.

姑且总结一下, 每个有理数都唯一地表示成形如 (4.1) 的十进循环数, 它恰是这个十进数所对等的标准列的极限. 这里, **"表示" 的含义是清楚的, 它必须通过极限来表达**. 现在也明白了, 熟知的有限小数 (它是本原表示) 的十进表示是在这个小数的小数点后的最后一位之后添上循环节 $\dot{0}$ 所成的循环数. 例如, 2.325 的十进表示是 $2 + 0.325\dot{0} = 2 + 0.3250\cdots$, 从小数点后第 4 位始, 后面全是 0. 而这个十进数所对等的标准列从第 4 项开始, 后面的每项都是同一个数 2.325.

已经知道, $\mathbb{Q}$ 中定义了加、减、乘、除四则算术运算. 现在每个有理数 (即 $\mathbb{Q}$ 的每个元素) 都唯一地表示成形如 (4.1) 的十进循环数, 它恰是这个十进数所对等的标准列的极限, 所以两个有理数算术运算的结果表示它们的循环数所对等的标准列经过同样的运算所得的数列的极限.

具体说来, 设 $a \in \mathbb{Q}, b \in \mathbb{Q}$, 表示 a 的循环数是 $p+$

$0.a_1a_2a_3\cdots$, 表示 b 的循环数是 $q+0.b_1b_2b_3\cdots$. 记 $A_n=p+0.a_1\cdots a_n$, $B_n=q+0.b_1\cdots b_n$. 前面已经说过, 简称 $\{A_n\}_{n=1}^{\infty}$ 为 a 对等的标准列, 简称 $\{B_n\}_{n=1}^{\infty}$ 为 b 对等的标准列. 已经证明了

$$a=\lim_{n\to\infty}A_n,\quad b=\lim_{n\to\infty}B_n.$$

现在对于 a 和 b 实施算术运算.

作加法得到

$$c:=a+b=\lim_{n\to\infty}(A_n+B_n).$$

可以看到, a 与 b 的算术和 c 等于**基本列** $\{A_n+B_n\}_{n=1}^{\infty}$ 的极限. 另一方面, 已经证明, c 必可以表示为一个循环数 $r+0.c_1c_2c_3\cdots$, 数 c 是这个循环数所对等的**标准列** $\{C_n=r+0.c_1\cdots c_n\}_{n=1}^{\infty}$ 的极限, 于是基本列 $\{A_n+B_n\}_{n=1}^{\infty}$ 等价于标准列 $\{C_n\}_{n=1}^{\infty}$.

作乘法得到

$$d:=ab=\lim_{n\to\infty}(A_nB_n).$$

可以看到, a 与 b 的乘积 d 等于**基本列**$\{A_nB_n\}_{n=1}^{\infty}$ 的极限. 另一方面, 已经证明, d 必可以表示为一个循环数 $s+0.d_1d_2d_3\cdots$, 数 d 是这个循环数所对等的**标准列** $\{D_n=$

$s+0.d_1\cdots d_n\}_{n=1}^{\infty}$ 的极限. 于是基本列 $\{A_nB_n\}_{n=1}^{\infty}$ 等价于标准列 $\{D_n\}_{n=1}^{\infty}$.

如果 $b\neq 0(0=0+0.000\cdots)$, 则 b 的十进表示 $b=q+0.b_1b_2\cdots$ 必有如下性质: 存在 $m\in\mathbb{N}_+$ 及正的有理数 δ, 使得对于一切 $n\geqslant m$ 都成立

$$|q+0.b_1\cdots b_n|\geqslant\delta.$$

下面来证明这件事.

这里有三种情况可能发生. 第一种情形是 $q=0$, 即

$$b=0.b_1b_2\cdots.$$

此时, 必有某 $b_m>0$. 于是记 $\delta=10^{-m}$, 当 $n\geqslant m$ 时,

$$q+0.b_1\cdots b_n\geqslant\delta.$$

第二种情形是 $b>0$. 这时, 取 $m=1,\delta=1$, 则当 $n\geqslant m$ 时,

$$q+0.b_1\cdots b_n\geqslant\delta.$$

第三种情形是 $q\leqslant -1$. 于是由于 $0.b_1b_2\cdots$ 不以 9 为循环节, 所以必定存在某 $b_m<9$, 当 $n\geqslant m$ 时,

$$q+0.b_1\cdots b_n\leqslant -1+0.b_1\cdots b_m+10^{-1}.$$

记 $\delta=1-0.b_1\cdots b_m+10^{-1}$, 就得到 $\delta>0$,

$$|q+0.b_1\cdots b_n|\geqslant\delta,\quad n\geqslant m.$$

归根结底, 如果有理数 $b \neq 0$, 则由 b 的十进表示所对等的标准列 $\{B_n\}_{n=1}^{\infty}$ 出发, 可以作一个有理数列 $\left\{\dfrac{1}{B_{m+n}}\right\}_{n=1}^{\infty}$, 其中 $|B_{m+n}| \geqslant \delta > 0$ 对于一切 $n \in \mathbb{N}_+$ 成立. 于是此数列是基本的, 这是因为

$$\left|\frac{1}{B_{m+\mu}} - \frac{1}{B_{m+\nu}}\right| \leqslant \delta^{-2}|B_{m+\mu} - B_{m+\nu}|,$$

而 $\{B_k\}_{k=1}^{\infty}$ 是基本列.

已经知道, b^{-1}(即 $\dfrac{1}{b}$) 是有理数, 并且

$$b^{-1} = \lim_{n\to\infty} B_{n+m}.$$

由此式可知, m 取什么值都没关系, 只要 B_{n+m} 是有理数就可以了. 显然, b^{-1} 仍然是一个十进循环数 $b^{-1} = t + 0.e_1e_2\cdots$, 也就是说, b^{-1} 是这个循环数对等的标准列 $\{E_n = t+0.e_1\cdots e_n\}_{n=1}^{\infty}$ 的极限. 这表明基本列 $\left\{\dfrac{1}{B_{m+n}}\right\}_{n=1}^{\infty}$ 与标准列 $\{E_n\}_{n=1}^{\infty}$ 等价.

总之,两个有理数 a 和 $b \neq 0$ 的 (加、减、乘、除) 四则运算的结果: 和 $a + b$, 差 $a - b = a + (-1)b$, 积 ab, 商 $\dfrac{a}{b}$ 的十进表示是由表示 a 和 b 的十进数 (循环数) 所对等的标准列 $\{A_n\}_{n=1}^{\infty}$ 和 $\{B_n\}_{n=1}^{\infty}$ 经 (对应项的)同样的运

算所得的基本列 $\{A_n+B_n\}_{n=1}^{\infty}$, $\{A_n-B_n\}_{n=1}^{\infty}$, $\{A_nB_n\}_{n=1}^{\infty}$, $\left\{\dfrac{A_{n+m}}{B_{n+m}}\right\}_{n=1}^{\infty}$ 所等价的标准列所对等的十进数 (循环数).

这启发我们提出问题: 是不是每个基本列都唯一地等价于一个标准列? 如果这个问题得到肯定的回答, 则就能把有理数之间四则运算的定义, 借助于标准列 (对应项) 的运算, 完全推广到实数中去. 第 6 章将对这个问题给出肯定的回答.

习 题 5

1. 证明本章的结论与进位制的选取无关. 例如, 在二进制中, 每个有理数都可表示成 (不以 1 为循环节的) 循环数.

2. 分别把 $\dfrac{1}{7}, \dfrac{1}{16}, \dfrac{1}{29}$ 写成二进制的循环数.

3. 请构造一个数列 f, 使得 f 是 $\mathbb{N}_+$ 到 $\mathbb{Q}$ 的满射, 也就是说, 对于每一个 $a \in \mathbb{Q}$, 都存在一个相应的 $n \in \mathbb{N}_+$, 使得 $f(n)=a$.

4. 证明式 (5.2) 中的有理数等于

$$p+\frac{b_1\cdots b_\mu a_1\cdots a_m-b_1\cdots b_\mu}{\underbrace{9\cdots9}_{m\text{个}}\underbrace{0\cdots0}_{\mu\text{个}}}.$$

5. 设 $a=0.26\dot{1}2\dot{3}$, $b=0.4\dot{2}64\dot{7}$, 求 $a+b$ 的十进表示.

第 6 章

$\mathbb{R}$中的算术运算及大小次序

现在已经明白, 当定义 4.1 中的十进数是循环数时, 表示的是它所对等的标准列的极限, 它是有理数, 并且具有明确的本原表示. 现在, 每个有理数都有了两个表示形式, 一个是本原表示, 即分数 (包括有限小数); 另一个是循环数. 两种表示是通过“极限”沟通起来的.

要把这种思想推广到整个 $\mathbb{R}$ 中去, 需要考虑怎样对于定义 4.1 中的十进数规定正、负、绝对值, 怎样对于这些数进行算术运算、比较大小, 从而使得 $\mathbb{R}$ 的确成为一个算术系统. 这个系统包含 $\mathbb{Q}$(这时就是全体循环数所成的集合)(即 $\mathbb{Q} \subset \mathbb{R}$), 并且在 $\mathbb{R}$ 中定义的“数的正、负、绝对值, 以及数之间的算术运算、大小关系”都保持与 $\mathbb{Q}$ 中已有的概念完全一致.

为了达到这个目的, 要证明下面的重要定理.

定理 6.1 任给一个 (有理数的) 基本列, 存在唯一一个标准列与其等价.

证明 设 $f=\{f(n)\}_{n=1}^{\infty}$ 是基本列, 把它的第 n 项 $f(n)$ 写成十进循环数

$$f(n)=p_n+0.a_1^na_2^na_3^n\cdots,$$

其中

$$p_n\in\mathbb{Z},\quad a_k^n\in\{0,1,\cdots,9\},\quad k\in\mathbb{N}_+.$$

显然, $\{p_n\}_{n=1}^{\infty}$ 是由整数组成的有界数列, 所以必存在整数 p, 它在此数列中出现无限次. 把 $p_n=p$ 的项顺次取出来构成数列

$$f_1=\{f_1(n)\}_{n=1}^{\infty}.$$

它是 f 的子列, 它的第 n 项是有理数, 有十进表示

$$f_1(n)=p+0.b_1^nb_2^nb_3^n\cdots.$$

由于 $b_1^n\in\{0,1,\cdots,9\}$, 所以必定存在一个数 $q_1\in\{0,1,\cdots,9\}$, 它在数列 $\{b_1^n\}_{n=1}^{\infty}$ 中出现无限次. 把数列 f_1 中使 $b_1^n=q_1$ 的项顺次取出来构成数列

$$f_2=\{f_2(n)\}_{n=1}^{\infty}.$$

数列 f_2 是 f_1 的子列且其第 n 项的十进表示的形状为

$$f_2(n)=p+0.q_1c_2^nc_3^n\cdots.$$

无限地重复这一步骤, 得到一串数列

$$f_k=\{f_k(n)\}_{n=1}^{\infty},\quad k\in\mathbb{N}_+,$$

其中 f_1 为 f 的子列, f_2 为 f_1 的子列 …… f_{k+1} 为 $f_k(k \in \mathbb{N}_+)$ 的子列, 并且 f_{k+1} 的第 n 个元为

$$f_{k+1}(n) = p + 0.q_1 \cdots q_k h_{k+1}^n h_{k+2}^n \cdots .$$

上式右端是一个十进循环数, 有理数 $f_{k+1}(n)$ 是这个循环数所对等的标准列的极限. 当 $m > k$ 时, 这个标准列的第 m 项是有理数

$$H_m := p + 0.q_1 \cdots q_k h_{k+1}^n \cdots h_m^n.$$

由此可见

$$p + 0.q_1 \cdots q_k \leqslant H_m \leqslant p + 0.q_1 \cdots q_k + 10^{-k},$$

于是

$$p + 0.q_1 \cdots q_k \leqslant f_{k+1}(n) \leqslant p + 0.q_1 \cdots q_k + 10^{-k}.$$

令 $u(n) = p + 0.q_1 \cdots q_n (n \in \mathbb{N}_+)$, 则

$$0 \leqslant f_{n+1}(n) - u(n) \leqslant 10^{-n},$$

从而数列 $u := \{u(n)\}_{n=1}^{\infty}$ 是与 f 等价的基本列.

当 $0.q_1q_2q_3\cdots$ 不以 9 为循环节时, u 是标准列.

若 $0.q_1q_2q_3\cdots$ 以 9 为循环节, 则有两种可能性. 一是所有的 q_k 全部为 9, 这时, 定义数列 $v(n) = p + 1 (n \in \mathbb{N}_+)$. 另一种可能的情况是存在 $N \in \mathbb{N}_+$, 使得 $q_N < 9$, 而当 $k > N$ 时恒有 $q_k = 9$. 在这种情况下, 定义

$$h_k = \begin{cases} q_k, & 1 \leqslant k < N, \\ q_N + 1, & k = N, \\ 0, & k > N, \end{cases}$$

并定义 $v(n) = p + 0.h_1 \cdots h_n$.

于是在任何情况下, $v = \{v(n)\}_{n=1}^{\infty}$ 都是标准列, 并且

$$|u(n) - v(n)| \leqslant 10^{-n},$$

从而 v 与 u 等价. 根据定理 3.2, v 与 f 等价.

容易看出, 不相同的两个标准列是不可能等价的 (见习题 4 第 3 题). □

下面定理的结论在一些特殊情形下已包含在定理 3.3 中.

定理 6.2 任给标准列 $\{f(n)\}_{n=1}^{\infty}$, $\{g(n)\}_{n=1}^{\infty}$, 则

(1) $\{f(n) + g(n)\}_{n=1}^{\infty}$, $\{f(n)g(n)\}_{n=1}^{\infty}$ 和 $\{-f(n)\}_{n=1}^{\infty}$ 都是基本列;

(2) 如果存在 $N \in \mathbb{N}_+$, 使得当 $n > N$ 时, $f(n) \neq 0$, 则 $\left\{\dfrac{1}{f(n+N)}\right\}_{n=1}^{\infty}$ 也是基本列.

证明 结论 (1) 是明显的. 下面来证结论 (2).

设 $f(n) = p + 0.a_1a_2a_3 \cdots a_n$, 其中 $p \in \mathbb{Z}$, $0.a_1a_2a_3 \cdots$ 是不以 9 为循环节的十进数, 并设 $f(N) \neq 0$. 若 $f(N) > 0$,

则当 $n>N$ 时,

$$f(n)\geqslant f(N)>0;$$

若 $f(N)<0$, 则必有 $p<0$ 且 $f(n)\leqslant -1+0.a_1\cdots a_n$. 由于诸 a_k 不全为 9, 可设 $a_\ell<9$. 于是当 $n>\ell$ 时,

$$f(n)\leqslant f(\ell)+10^{-\ell}\leqslant -10^{-\ell},$$

从而

$$|f(n)|\geqslant 10^{-\ell}.$$

总之, 在任何情况下都存在正数 $\delta\in\mathbb{Q}$ 以及 $\ell\in\mathbb{N}_+$, 使得当 $n>\ell$ 时,

$$|f(n)|\geqslant \delta.$$

于是当 $\mu,\nu>\ell+N$ 时,

$$\left|\frac{1}{f(\mu)}-\frac{1}{f(\nu)}\right|\leqslant \delta^{-2}|f(\mu)-f(\nu)|.$$

由此可见, 结论 (2) 成立. □

现在已经做好了充分的准备来规定 ℝ 中的算术运算以及实数的大小次序了.

下面还要对于符号作一些补充规定.

设 $f=\{f(n)\}_{n=1}^{\infty}$ 是一个标准列, 它的第 n 项是本原表示的有理数 (有限小数)

$$f(n)=p+0.a_1\cdots a_n,$$

于是把实数 $p+0.a_1a_2\cdots$ 记作 $\widetilde{f}$. 也就是说, 带符号~的英文字母 (则如 $\widetilde{f}$) 代表实数 (形如 (4.1) 的十进数), 同一英文字母, 若不带~符号, 则代表该实数对等的标准列.

定义 6.1(实数的四则运算) 设 f, g 都是标准列. 把与 $\{f(n)+g(n)\}_{n=1}^{\infty}$ 等价的标准列记作 $f+g$, 把与 $\{f(n)g(n)\}_{n=1}^{\infty}$ 等价的标准列记作 fg. 规定实数 $\widetilde{f}$ 与实数 $\widetilde{g}$ 的和与乘积如下:

$$\widetilde{f}+\widetilde{g}=\widetilde{f+g}, \quad \widetilde{f}\widetilde{g}=\widetilde{fg}.$$

并把与 $\{-f(n)\}_{n=1}^{\infty}$ 等价的标准列记作 $-f$, 则与标准列 $-f$ 对等的实数为 $\widetilde{-f}$. 把实数 -1 与实数 $\widetilde{f}$ 的乘积规定为 $-\widetilde{f}=\widetilde{-f}$. 把 $\widetilde{f}+(-\widetilde{g})$ 叫作 $\widetilde{f}$ 与 $\widetilde{g}$ 的差, 记作 $\widetilde{f}-\widetilde{g}$. 如果存在 $N \in \mathbb{N}_{+}$, 使得当 $n>N$ 时, $f(n) \neq 0$, 则把与 $\left\{\dfrac{1}{f(n+N)}\right\}_{n=1}^{\infty}$ 等价的标准列记作 $\dfrac{1}{f}$. 规定 $\dfrac{1}{\widetilde{f}}=\widetilde{\left(\dfrac{1}{f}\right)}$.

定义 6.2(实数的大小、实数的绝对值) 给定实数 $r=p+0.a_1a_2a_3\cdots$, 其中 $p \in \mathbb{Z}$. 如果 $p \geqslant 0$, 而 p 以及诸 a_n 不全是零, 则称 r 为正数, 记作 $r>0$; 如果 p 以及诸 a_n 全是零, 则称 r 为零, 记作 $r=0$; 如果 $p<0$, 则称 r 为负数, 记作 $r<0$. 若实数 a, b 满足 $a-b>0$, 则称 a 大于 b, 记作 $a>b$, 或称 b 小于 a, 记作 $b<a$. 把“不大于”记

作“$\leqslant$”,“不小于”记作“$\geqslant$”.

规定实数 r 的绝对值为

$$|r| := \begin{cases} r, & r \geqslant 0, \\ -r, & r < 0. \end{cases}$$

常常使用几何的语言, 把 $\mathbb{R}$ 的元素叫做“点”, 两点 α, β 间的“距离”规定为 $|\alpha - \beta|$.

例 6.1 设实数

$$\alpha = 0.a_1a_2a_3\cdots, \quad \beta = 0.b_1b_2b_3\cdots.$$

如果存在一个数 $k \in \mathbb{N}_+$, 使得 $a_k < b_k$, 而当 $j < k$ 时, $a_j = b_j$, 则 $\alpha < \beta$.

证明 从定理 6.1 的证明可以看到, 如果一个基本列的每项都不是负数, 则与它等价的标准列的每项也都不是负数. 显然, 与 α 对等的标准列的每项都不大于与 β 对等的标准列的对应的项, 所以由上述事实, 根据定义 6.2 知 $\alpha \leqslant \beta$. 但不同的标准列是不等价的 (见习题 4 第 3 题), 所以 $\alpha < \beta$. □

例 6.2 根据例 6.1, 如果实数

$$\alpha = 0.\overbrace{0\cdots0}^{n\text{个}}a_{n+1}a_{n+2}\cdots,$$

则 $0 \leqslant \alpha < 10^{-n}$. □

注 6.1 定义 6.1 针对十进数规定的运算, 对于有理数来说, 与已经熟知的本原表示之间的运算规则是一致的. 这是因为每个有理数都是与表示它的循环数对等的标准列的极限, 所以对于有理数间的运算, 用本原表示来进行与用循环数 (按定义 6.1 的法则) 来进行结果一样.

注 6.2 定义 6.2 规定的大小关系, 对于有理数之间的比较, 与 $\mathbb{Q}$ 中熟知的大小关系完全一样.

注 6.3 按照定义 6.1, 一个十进数, 如无理数, 与有理数的运算, 必须借助于十进表示来进行. 例如, 计算 $\sqrt{2}+\dfrac{2}{3}$, 必须按定义 6.1 的规矩来计算 $1.414\cdots+0.666\cdots$.

例 6.3 计算形如 (4.1) 的实数 $\alpha=p+0.a_1a_2\cdots$ 与本原表示的有理数 (有限小数)$\beta=p+0.a_1\cdots a_m(m\in\mathbb{N}_+)$ 的差.

解 根据 (4.3) 和 (5.2), β 的十进表示为 $\beta=p+0.a_1\cdots a_m0\cdots$, 其小数点后第 $m+1$ 位以及以后各位都是 0, 于是 α 所对等的标准列的第 n 项是本原表示的有理数 $A_n=p+0.a_1\cdots a_n$, β 所对等的标准列的第 n 项, 当 $n\leqslant m$ 时是本原表示的有理数 $B_n=A_n$, 而当 $n>m$ 时是本原表示的有理数 $B_n=p+0.a_1\cdots a_n0\cdots0=B_m$, 所

以

$$A_n - B_n = \begin{cases} 0, & n \leqslant m, \\ 0.0\cdots 0a_{m+1}\cdots a_n, & n > m. \end{cases}$$

于是与基本列 $\{A_n - B_n\}_{n=1}^{\infty}$ 等价的标准列所对等的实数是 $0.0\cdots 0a_{m+1}\cdots$. 根据定义 6.1,

$$(p + 0.a_1a_2\cdots) - (p + 0.a_1\cdots a_m) = 0.0\cdots 0a_{m+1}\cdots. \quad \square$$

已经知道, 在有理数列的极限的定义中, 只涉及有理数间的加减运算和大小比较 (见第 3 章). 现在已定义了实数的加减运算和大小比较, 它包含了关于有理数的加减运算和大小比较为其特例, 所以第 3 章关于有理数列极限的定义可以形式不变地推广到实数列的情形. 也就是说, 第 3 章中在有理数集 $\mathbb{Q}$ 中进行的关于数列的一切讨论, 在实数集 $\mathbb{R}$ 中全部适用. 例如, 可以把实数列收敛的定义叙述如下:

设 $\{a_n\}_{n=1}^{\infty}$ 是一个实数列, a 是一个实数. 如果对于任给的 $\varepsilon > 0$, 都找得到一个与 ε 有关的数 N, 使得只要 $n > N (n \in \mathbb{N}_+)$ 就有 $|a_n - a| < \varepsilon$, 则称数列 $\{a_n\}_{n=1}^{\infty}$ 收敛到 a, 记作

$$\lim_{n\to\infty} a_n = a.$$

习 题 6

1. 验证 $\mathbb{Q}$ 中原有的算术运算与定义 6.1 的规定是一致的. 例如, 本原表示的有理数 a 与本原表示的有理数 $b \neq 0$ 的商 $\frac{a}{b}$ 的十进表示, 恰与通过 a 与 b 的十进表示依定义 6.1 作除法所得的十进数完全一样.

2. 根据定义 6.1 和定义 6.2, 验证绝对值的次加性: 对于 $a \in \mathbb{R}, b \in \mathbb{R}, |a+b| \leqslant |a|+|b|$. 这个性质是使 $\mathbb{R}$ 中任何两点的“距离”(即差的绝对值) 不超过它们各自以第三点的距离的和的保证. 这个性质叫做“三角形不等式”, 是距离的本质属性.

第 7 章

两个重要的结论

现在, 对于被称为实数 (的十进表示) 的符号 (4.1) 所表达的事物, 已经有了足够的了解. 实数集 $\mathbb{R}$ 中已经装备了各种算术运算, 规定了大小次序. 有理数集 $\mathbb{Q}$ 是 $\mathbb{R}$ 的一个子集合. 对于 $\mathbb{R}$ 所规定的一切都与原来 $\mathbb{Q}$ 中的规定是协调一致的. 每个有理数都有两种表示方式, 即本原的分数形式 (包括有限小数) 以及循环数的形式. 在 $\mathbb{R}$ 中, 这两种形式可以通用. 而不循环小数表示的实数叫做无理数.

下面来证明下述重要定理:

定理 7.1 设 $\{f(n)\}_{n=1}^{\infty}$ 是一个标准列, 则实数 $\widetilde{f}$ 是这个数列的极限, 即

$$\widetilde{f} = \lim_{n\to\infty} f(n).$$

证明 设

$$f(n) = p + 0.a_1 \cdots a_n, \quad n \in \mathbb{N}_+.$$

先说明, 前面已经证明, 本原表示的有理数 $f(n)$ 的十进表示为 $p+0.a_1\cdots a_n0\cdots$. 记 $\delta_n=\widetilde{f}-f(n)$. 根据定义 6.1, 当 $n>2$ 时,

$$\widetilde{f}-f(n)=0.0\cdots 0a_{n+1}a_{n+2}\cdots.$$

于是根据例 6.2 的结果, $0\leqslant\delta_n\leqslant 10^{-n}$, 从而断定

$$\lim_{n\to\infty}\delta_n=0.$$

也就是说,

$$\lim_{n\to\infty}f(n)=\widetilde{f}. \qquad \square$$

根据前面的讨论, 实际上, 对于一个标准列 $f=\{f(n)\}_{n=1}^{\infty}$, 成立如下估计式:

$$\forall n\in\mathbb{N}_+,\quad f(n)\leqslant\widetilde{f}\leqslant f(n)+\frac{1}{10^n}$$

(其中符号 $\forall$ 表示 "对于一切").

根据上述不等式, 对于无限十进小数完全可以像有限小数 (已经证明它等于一个以 0 为循环节的循环数) 那样进行四则运算. 例如, 可以动笔算出

$$\sqrt{2}\pi=(1.414213\cdots)(3.141592\cdots)=4.44288\cdots,$$

$$4-\pi=0.858407\cdots,$$

$$-\pi=-4+0.858407\cdots.$$

下面是另一个十分重要的定理, 它说出了 $\mathbb{R}$ 作为“距离空间”(对于什么是距离空间, 这里没有篇幅进行解释了) 的完备性. 这种“完备性”的“直观解释”就是: 用 2.1 节所说的量度线段 (绳子) 的长度所得的一切结果, 恰恰就 (一对一地) 对应于 $\mathbb{R}$ 的非负元素的全体, 一个不多、一个不少, 所以 $\mathbb{R}$ 把一切实数, 包括负的实数, 都**表示尽了**.

定理 7.2 $\mathbb{R}$ 是完备的, 也就是说, $\mathbb{R}$ 中的基本列一定收敛.

证明 设 $f=\{f(n)\}_{n=1}^{\infty}$ 是 $\mathbb{R}$ 中的基本列, 把实数 $f(n)$ 写成十进小数

$$f(n)=m_n+0.a_1^na_2^na_3^n\cdots,\quad m_n\in\mathbb{Z}, a_k^n\in\{0,1\cdots,9\}, k\in\mathbb{N}_+.$$

令有理数

$$g(n)=m_n+0.a_1^na_2^na_3^n\cdots a_n^n,\quad n\in\mathbb{N}_+.$$

按定义 6.1 和注 6.1,

$$0\leqslant f(n)-g(n)<10^{-n}.$$

于是有理数列 $g=\{g(n)\}_{n=1}^{\infty}$ 与数列 f 等价. 把与有理数列 g 等价的标准列记作 $h=\{h(n)\}_{n=1}^{\infty}$, 把与 h 对等的实数记作 $\widetilde{h}$, 则根据定理 7.1,

$$\lim_{n\to\infty} h(n) = \widetilde{h},$$

从而与 h 等价的实数列 f 收敛到 $\widetilde{h} \in \mathbb{R}$. □

根据定理 7.2 及定理 3.1(再强调一下, 第 3 章的内容全部适用于实数列), 一个数列收敛的充分必要条件是它是基本列. 这就是数列收敛的 Cauchy 准则.

记得我上中学的时候 (50 多年前), 课本中介绍过"级数"这个术语, 那时介绍了等差级数和等比级数. 现在谈谈"级数".

设 $\{a_n\}_{n=1}^{\infty}$ 是一个数列. 把表达式 (其实, 就是个记号)

$$\sum_{k=1}^{\infty} a_n \tag{7.1}$$

叫做**级数**. 令

$$s_n = a_1 + \cdots + a_n = \sum_{k=1}^{n} a_n, \quad n \in \mathbb{N}_+,$$

称 s_n 为级数 (7.1) 的第 n 部分和 (即前 n 项的和). 如果

$$\lim_{n\to\infty} s_n = s,$$

其中 s 为实数, 就写

$$\sum_{k=1}^{\infty} a_n = s,$$

并称级数 (7.1) 收敛到 s. 根据数列收敛的 Cauchy 准则, 级数 (7.1) 收敛的充分必要条件是它的部分和数列 $\{s_n\}_{n=1}^{\infty}$ 是基本列. 也就是说, $\forall \varepsilon > 0$, $\exists\ N \in \mathbb{N}_+$, 使得当 $m > n \geqslant N$ 时,

$$\left|\sum_{k=n}^{m} a_n\right| < \varepsilon$$

(其中符号 $\exists$ 代表 "存在相应的").

收敛级数最简单的例子就是公比的绝对值小于 1 的等比级数, 即当 $0 < |x| < 1$ 时,

$$\sum_{k=0}^{\infty} x^k = \frac{1}{1-x}.$$

在这个级数中, 第一项 (目前作为规定) 为 $x^0 = 1$.

定义 7.1(实数的级数表示) 设实数 r(表示) 为十进数

$$p + 0.a_1a_2a_3\cdots,$$

则根据定理 7.1, $\lim\limits_{n\to\infty}(p + 0.a_1\cdots a_n) = r$. 记号

$$r = p + \sum_{k=1}^{\infty} a_k 10^{-k}$$

叫做 r 的十进级数表示.

现在说一说实数在实直线 (或实数轴) 上的稠密性. 稠密性的含义包含在下述定理的叙述中:

定理 7.3(有理数和无理数都在 $\mathbb{R}$ 中稠密) 设 $r \in \mathbb{R}, \delta > 0$, 则一定找得到有理数 a 和无理数 b, 使得

$$r-\delta < a < r+\delta, \quad r-\delta < b < r+\delta.$$

证明 取 $n \in \mathbb{N}_+$ 充分大, 使得 $\dfrac{\sqrt{2}}{n} < \delta$. 若 $r \in \mathbb{Q}$, 则取

$$a = r + \frac{1}{n}, \quad b = r + \frac{\sqrt{2}}{n}$$

便合乎定理的要求.

设 r 是无理数, 依定义 7.1, 将其表示为十进级数

$$r = p + \sum_{k=1}^{\infty} r_k 10^{-k}.$$

取

$$a = 10^{-n} + p + \sum_{k=1}^{n} r_k 10^{-k}, \quad b = \sqrt{2}\, 10^{-n} + p + \sum_{k=1}^{n} r_k 10^{-k},$$

则 a 是有理数, b 是无理数, 并且

$$r < a < b < r + \delta. \qquad \square$$

说明: 前面多次用到 $\sqrt{2}$, 只是作为一个特殊的无理数的记号. 同样, $\sqrt{3}$ 也是一个无理数的记号, 它代表 $60°$ 角的正切值. 并不曾对于一般的正数 a 定义运算 $\sqrt{a}$.

下面, 根据 $\mathbb{R}$ 的完备性证明一个很有用的定理.

定理 7.4 不空的有上界的实数集一定有最小上界.

证明 设 A 是一个不空的有上界的实数集合.

任取 $a_1 \in A$. 任取 A 的一个上界 b_1. 无妨认为 $a_1 < b_1$. 那么闭区间 $I_1 := [a_1, b_1]$ 具有这样的性质: **存在某 $a \in A$, 使左端点不大于 a, 右端点是 A 的上界.** 我们把这个性质简记作"性质P".

现在进行第一步, 把 I_1 平分为2个闭区间:

$$\left[a_1, \frac{a_1+b_1}{2}\right], \quad \left[\frac{a_1+b_1}{2}, b_1\right].$$

那么这两个区间中至少有一个具有性质P. 把这样的一个闭区间记作 $I_2 := [a_2, b_2]$. 那么, 存在某 $c_1 \in A$, 使 $a_2 \leqslant c_1$, b_2 是 A 的上界. (显然, 当 $b_2 = \dfrac{a_1+b_1}{2}$ 时, a_1 自己就是一个这样的一个 c_1). 当然, I_2 还有一条性质, 那就是

$$I_2 \subset I_1, \quad b_2 - a_2 = \frac{1}{2}(b_1 - a_1).$$

接下来进行第二步, 把 I_2 平分为2个闭区间:

$$\left[a_2, \frac{a_2+b_2}{2}\right], \quad \left[\frac{a_2+b_2}{2}, b_2\right].$$

那么这两个区间中至少有一个具有性质P. 把这样的一个闭区间记作 $I_3 := [a_3, b_3]$. 那么, 存在某 $c_2 \in A$, 使

$a_3 \leqslant c_2$, b_3 是 A 的上界. 当然, I_3 还有一条性质, 那就是

$$I_3 \subset I_2, \quad b_3 - a_3 = \frac{1}{2}(b_2 - a_2).$$

这样的步骤可继续下去, 假设进行了第 k 步, 得到了闭区间 $I_{k+1} = [a_{k+1}, b_{k+1}]$. I_{k+1} 具有性质 P, 并且满足

$$I_{k+1} \subset I_k, \quad b_{k+1} - a_{k+1} = \frac{1}{2}(b_k - a_k). \tag{7.2}$$

那么可继续进行第 $k+1$ 步: 把 I_{k+1} 平分为 2 个闭区间:

$$\left[a_{k+1}, \frac{a_{k+1} + b_{k+1}}{2}\right], \quad \left[\frac{a_{k+1} + b_{k+1}}{2}, b_{k+1}\right].$$

那么这两个区间中至少有一个具有性质 P. 把这样的一个闭区间记作 $I_{k+2} := [a_{k+2}, b_{k+2}]$. 那么, 存在某 $c_{k+1} \in A$, 使 $a_{k+2} \leqslant c_{k+1}$, b_{k+2} 是 A 的上界. 当然, I_{k+2} 还满足 (7.2)(就是说把 (7.2) 中的 k 换成 $k+1$, 关系式仍成立).

这样, 我们就归纳地得到了一列具有性质 P 的闭区间 $I_k = [a_k, b_k]$, 满足条件 (7.2).

考察数列 $\{a_k\}_{k=1}^{\infty}$.

根据 (7.2), 对于一切 $j \in \mathbb{N}_+$,

$$0 \leqslant a_{j+1} - a_j \leqslant b_j - a_j = \frac{1}{2^{j-1}}(b_1 - a_1).$$

设 $k<m$. 那么

$$0 \leqslant a_m-a_k=\sum_{j=k}^{m-1} a_{j+1}-a_j \leqslant \sum_{j=k}^{m-1} \frac{1}{2^{j-1}}(b_1-a_1)<\frac{1}{2^{k-2}}(b_1-a_1).$$

可见 $\{a_k\}_{k=1}^{\infty}$ 是基本列. 根据定理 7.2, 存在实数 c 使得

$$\lim_{k\to\infty} a_k=c.$$

对于任意的 $m\in\mathbb{N}_+$, 根据 (7.2), 只要 $k>m$ 就成立 $I_k\subset I_m$. 从而 $c\in I_m$. 也就是说,

$$\forall m\in\mathbb{N}_+,\quad a_m\leqslant c\leqslant b_m.$$

现在我们可以断定, c 就是 A 的最小上界.

首先, c 是 A 的上界. 不然的话, 必定存在 $a\in A$ 使得 $c<a$. 这时, 取 m 足够大, 使得

$$\frac{1}{2^{m-1}}(b_1-a_1)<a-c.$$

那么由于 I_m 具有性质 P, b_m 是 A 的上界, 从而

$$b_m\geqslant a,\quad b_m-a_m\geqslant a-c>\frac{1}{2^{m-1}}(b_1-a_1).$$

这是不可能的.

其次, 任何比 c 小的数都不是 A 的上界. 假定 $d<c$. 取 m 足够大, 使得

$$\frac{1}{2^{m-1}}(b_1-a_1)<c-d.$$

这时,

$$c-a_m\leqslant b_m-a_m=\frac{1}{2^{m-1}}(b_1-a_1)<c-d.$$

从而 $a_m>d$. 但由性质 P, 存在某 $t\in A, t\geqslant a_m$. 那么, $t>d$. 可见, d 不是 A 的上界.

这样我们就证明了, c 是 A 的最小上界. □.

最小上界又叫做**上确界**. 不空有界实数集 A 的上确界记作 $\sup(A)$. 如果 A 无上界则记 $\sup(A)=\infty$.

注 7.1 与定理 7.4 对称的结论是, 不空的有下界的集合 A 一定有最大下界, 也叫做**下确界**, 记作 $\inf(A)$. 记号 “$\inf(A)=-\infty$” 表示 A 无下界.

注 7.2 定理 7.4 的论证方法具有一般性, 这个过程是先归纳地构作一列具有确定的性质的事物 (在定理 7.4 的证明中, 所说的 “事物” 是 “闭区间”, 而所说的 “确定的性质” 由性质 P 和关系式 (7.2) 给出). 然后, 从构造成的这个序列, 论证出所需的结论. 可以把这种论

证方法叫做 $\aleph_0$ (读如阿列夫零) 次归纳论法. 回想一下, 定理 6.1 的证明使用的就是这种论证模式.

根据 $\mathbb{R}$ 的完备性, 可给出圆的周长的确切定义.

例 7.1(圆的周长) 设 $n \in \mathbb{N}_+$, 用 ℓ_n 代表半径为 1 的圆的内接正 $2^{n-1}3$ 边形的周长. 求证 $\{\ell_n\}_{n=1}^{\infty}$ 是基本列. 定义半径为 1 的圆周的长度为 $\lim\limits_{n\to\infty} \ell_n$, 于是圆周率 $\pi = \dfrac{1}{2}\lim\limits_{n\to\infty} \ell_n$.

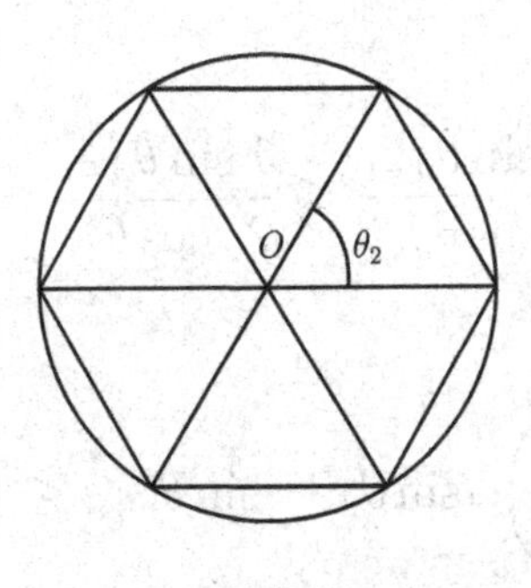

图 7.1

证明 记半径为 1 的圆内接正 $2^{n-1}3$ 边形的一边所对的圆心角为 θ_n (图 7.1), 用通常的单位度表示为

$$\theta_n = \frac{360^\circ}{2^{n-1}3}, \quad \theta_1 = 120^\circ, \quad \theta_2 = 60^\circ, \quad \theta_{n+1} = \frac{1}{2}\theta_n.$$

于是一边的长度为 $2\sin\left(\dfrac{1}{2}\theta_n\right)$, 从而

$$\ell_n = 2^n 3 \sin\left(\frac{1}{2}\theta_n\right) = 2^n 3 \sin\theta_{n+1}.$$

由此可见

$$\begin{aligned}\ell_{n+1}-\ell_n &= 2^{n+1}3\left(\sin\theta_{n+2}-\frac{1}{2}\sin\theta_{n+1}\right)\\ &= 2^{n+1}3\left(\sin\theta_{n+2}-\sin\theta_{n+2}\cos\theta_{n+2}\right)\\ &= 2^{n+1}3\sin\theta_{n+2}\left(1-\cos\theta_{n+2}\right)\\ &= 2^{n+2}3\sin\theta_{n+2}\sin^2\theta_{n+3}>0.\end{aligned}$$

由于

$$\sin\theta_{n+2}=\frac{1}{2}\frac{\sin\theta_{n+1}}{\cos\theta_{n+2}}\leqslant\frac{1}{2}\frac{\sin\theta_{n+1}}{\cos\theta_3}=\frac{1}{\sqrt{3}}\sin\theta_{n+1},$$

所以归纳地得到

$$\sin\theta_{n+2}\leqslant\left(\frac{1}{\sqrt{3}}\right)^n\sin\theta_2,\quad \sin\theta_{n+3}\leqslant\left(\frac{1}{\sqrt{3}}\right)^{n+1}\sin\theta_2,$$

从而

$$0<\ell_{n+1}-\ell_n\leqslant 2^{n+2}3\left(\frac{1}{\sqrt{3}}\right)^{3n+2}\sin^3\theta_2=4q^n\sin^3\theta_2<3q^n,$$

其中

$$q=\frac{2}{(\sqrt{3})^3}<1.$$

由此可知, 对于 $m,n\in\mathbb{N}_+$,

$$0<\ell_{m+n}-\ell_n=\sum_{k=n+1}^{n+m}(\ell_k-\ell_{k-1})<3\sum_{k=n+1}^{n+m}q^k<q^{n+1}\frac{3}{1-q}.$$

可见 $\{\ell_n\}_{n=1}^{\infty}$ 是基本列, 它必定收敛.

按照例 7.1 的规定, 根据相似三角形的边长成比例的规律, 断定: 半径为 r 的圆的周长为 $2\pi r$. □

例 7.2(圆弧的长度) 规定圆心角 θ 所对的弧的长度是 θ 的度数与 360 之比乘以圆的周长.

注 7.3 例 7.1 和例 7.2 涉及曲线的长度的概念. 一般而言, 一条 "简单的" 曲线的长度可定义为它的一切 "内接折线" 的长度的集合的上确界. 对于圆周 (或圆周的一段), 容易验证, 例 7.1 中的内接正多边形的边长当边数趋于无穷时的极限, 正是圆周内接折线长度的上确界 (见习题 7 第 2 题).

对于平面图形, 我们原则上只知道 "正方形的面积等于边长的平方" (可以说这是一条定义), 稍微推广一点, 就是 "长方形的面积等于长与宽的乘积", 然后可以推广得到三角形的面积公式, 进而得到多边形的面积的计算方法. 可是对于一般的即使相当 "简单的" 图形的面积, 就要使用 "积分" 的办法来给予定义和进行计算. 然而, 圆是个例外, 可以认为圆同正方形一样简单. 圆的面积可以不用 "积分" 而使用下例的方法定义. 当然, 这样的定义与一般测度理论中用积分作出的定义是完全

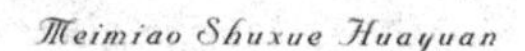

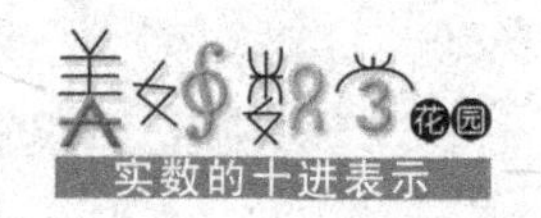

一致的.

例 7.3 (圆的面积的定义) 用 S_n 代表半径为 1 的圆的内接正 $2^{n-1}3$ 边形的面积. 那么, 实数列 $\{S_n\}_{n=1}^{\infty}$ 是基本列. 可以定义半径为 1 的圆的面积为

$$S := \lim_{n\to\infty} S_n.$$

依照例 7.1 关于 π 的定义, 我们来证明 $S = \pi$.

证明 内接正 $2^{n-1}3$ 边形的面积等于它的每个边所对的圆心角截得的三角形的面积之和. 这样的三角形的面积是

$$\Delta_n := \sin\frac{\theta_n}{2}\cos\frac{\theta_n}{2} = \frac{1}{2}\sin\theta_n \quad (\text{图 } 7.1).$$

所以

$$S_n = 2^{n-1}3\Delta_n = 2^{n-2}3\sin\theta_n.$$

在例 7.1 中已算出 $\ell_n = 2^n 3\sin(\theta_{n+1})$. 可见

$$S_{n+1} = 2^{n-1}3\sin\theta_{n+1} = \frac{1}{2}\ell_n.$$

那么, 根据例 7.1 的结果, $\{S_n\}_{n=1}^{\infty}$ 是基本列, 并且

$$\lim_{n\to\infty} S_n = \frac{1}{2}\lim_{n\to\infty}\ell_n = \pi.$$

对于半径为 $r>0$ 的圆, 由于其内接正 $2^{n-1}3$ 边形的每个边所对的圆心角截得的三角形的每边长都是半径为 1 时的相应的边的长度的 r 倍, 所以这个三角形的面积是 Δ_n 的 r^2 倍, 即 $\Delta_n r^2$. 那么内接正 $2^{n-1}3$ 边形的面积为 $S_n r^2$, 它的极限被定义为半径为 r 的圆的面积, 值等于 πr^2. □

最后, 作一个小结.

(1) 已经知道, 有理数就是整数之比, 写成分数形式即为 $\dfrac{m}{n}$, 其中 $m\in\mathbb{Z}, n\in\mathbb{N}_+$. 这是有理数的本原表示 (分数 $\dfrac{m}{n}$ 的分子和分母一般用十进制阿拉伯数字表示, 十进有限小数也看成有理数的本原表示). 全体有理数所成的集合记作 $\mathbb{Q}$, 即 $\mathbb{Q}=\left\{\dfrac{m}{n}: m\in\mathbb{Z}, n\in\mathbb{N}_+\right\}$. 在 $\mathbb{Q}$ 中, 加、减、乘、除四则算术运算已经定义好. 对于有理数, 正、负的概念, 绝对值的概念都已定义好.

任何两个有理数之间都存在确定的大小关系, 也存在确定的 "**距离**", 即它们的差的绝对值.

(2) 定义了有理数列, 针对有理数列, 定义了**极限**的概念, 定义了**数列等价**的概念, 定义了**基本列**的概念.

(3) 十进小数的概念是早就知道的. 重新作了规定:

十进数指的是如下符号:

$$p+0.a_1a_2a_3\cdots, \tag{7.3}$$

其中 p 为整数 (用十进制阿拉伯数字表达), 而 $0.a_1a_2a_3\cdots$ 为不以 9 为循环节的十进小数 (当然可以是循环的, 也可以是不循环的). 把 (7.2) 叫做某实数的十进表示 (这个实数可用一个希腊字母 α 来代表), 实数的全体记作 $\mathbb{R}$.

(4) 如何理解 (4.1)? 这是以前不太清楚的. 定义 "**标准列**" 的概念. 给定十进数 (7.3), 定义

$$A_n=p+0.a_1\cdots a_n,\quad A:=\{A_n\}_{n=1}^{\infty},$$

称有理数列 A 为**与十进数 (7.3) 对等的标准列**, 也称之为**与 (7.3) 所表示的实数 α 对等的标准列**. 标准列必是基本列, 不同的标准列必不等价.

(5) 先证明循环数对等的标准列收敛到有理数, 任何有理数必是某循环数对等的标准列的极限. 规定: **循环数表示的实数就是它所对等的标准列的极限**. 有理数得到了两个表示形式, 一是本原表示 (这种形式不是唯一的, 如 $\frac{1}{2}$, $\frac{5}{10}$ 以及 0.5 等都表示同一个有理数); 另一个是十进循环数, 这种形式是唯一的 (从定义中排除了循环节 9). 例如, 分数 $\frac{1}{2}$ 与循环数 $0.50\cdots$ (从小数点后面第二位开始, 以后全是 0) 表示的是同一个有理数.

(6) 证明了有理数的基本列必定等价于一个标准列. 证法可模式化, 叫做 $\aleph_0$ 次归纳论法, 以后常用.

(7) 借助于十进表示定义实数的正、负及数零, 与关于有理数已知的概念相容.

(8) 把实数与其十进表示相等同. 通过十进表示, 借助于标准列, 定义实数的四则运算如下:

设有两实数 $\alpha = p + 0.a_1a_2a_3\cdots, \beta = q + 0.b_1b_2b_3\cdots$. 把与 α 对等的标准列记作 $A = \{A_n\}_{n=1}^{\infty}$, 与 β 对等的标准列记作 $B = \{B_n\}_{n=1}^{\infty}$. 规定

$$A + B = \{A_n + B_n\}_{n=1}^{\infty}, \quad AB = \{A_nB_n\}_{n=1}^{\infty}.$$

有理数列 $A+B$ 和 AB 都是基本列. 把与 $A+B$ 等价的标准列所对等的实数叫做 α 与 β 的和, 记作 $\alpha+\beta$; 把与 AB 等价的标准列所对等的实数叫做 α 与 β 的积, 记作 $\alpha\beta$.

如果实数 $\alpha = p + 0.a_1a_2a_3\cdots \neq 0$, 则存在 $N \in \mathbb{N}_+$, 使得当 $n > N$ 时, 有理数 $A_n = p + 0.a_1\cdots a_n \neq 0$, 从而有理数列 $A^{-1} := \left\{\dfrac{1}{A_{n+N}}\right\}_{n=1}^{\infty}$ 有意义. 不仅如此, 它还是基本列. 把与 A^{-1} 等价的标准列表示的实数 (它与上述 N 的具体取值无关) 叫做 α 的**倒数**, 记作 α^{-1}. 此时, β 除以 α

的商定义为 $\beta\alpha^{-1}$, 也记作 $\dfrac{\beta}{\alpha}$.

实数 α 与实数 β 的差记为 $\alpha-\beta$, 规定为 α 与 $-\beta$ 的和, 其中 $-\beta$ 代表实数 $-1=-1+0.000\cdots$ 与实数 β 的积.

(9) 定义实数的绝对值, 定义实数之间的距离. 对于有理数原有的相关定义, 与新作的定义完全相容.

(10) 实数列极限的定义形式与有理数列极限的定义完全一样. 其他原来针对有理数列的定义, 如基本列、等价数列等概念, 完全自然地推广到实数列的情形.

重要的是: **每个标准列都收敛到它所表示的实数.**

(11) 实数的全体记作 $\mathbb{R}$. **在 $\mathbb{R}$ 内, 任何基本列都收敛**. 这叫做 $\mathbb{R}$ 的完备性.

(12) 在论证, 如定理 6.1 的证明中, 明显地使用了集合论的"选择公理": 可从一个由不空的集合组成的非空族 (即一些非空集合所成的非空集合) 的每个集合中任取一元素组成一个新的集合. 这是一个人人承认且无任何争议的"事实".

值得指出的是, "每个标准列都收敛到它所表示的实数", 以及"实数集 $\mathbb{R}$(作为距离空间 —— 两数之差的绝对值为它们的距离) 是完备的"这两个重要结论, 是借助于实数的十进表示**严格地证明了**的, 而不仅是作为

“公理”加以承认的.

习 题 7

1. 把第3章例3.7中的有理数列的极限记作 e, 并记

$$e=\sum_{k=0}^{\infty}\frac{1}{k!},\quad e_n=\left(1+\frac{1}{n}\right)^n,\ n\in\mathbb{N}_+.$$

证明 $\{e_n\}_{n=1}^{\infty}$ 是基本列, 并且

$$\lim_{n\to\infty}e_n=\sum_{k=0}^{\infty}\frac{1}{k!}.$$

2. 对于圆周的任给内接闭折线 L, 都存在足够大的 $n\in\mathbb{N}_+$, 使得内接正 $2^{n-1}3$ 边形的周长 ℓ_n 比 L 的长度大.

3. **弧度的定义** 半径为1的圆周上长度为1的弧所对的圆心角的大小定义为1弧度, 也就是说(见例7.2), 度数为 $\dfrac{180}{\pi}$ 的角的大小叫做1弧度. 设 $n\in\mathbb{N}_+$. 用 θ_n 代表圆内接正 $2^{n-1}3$ 边形的一边所对的圆心角 (以弧度为单位). 根据例7.1的结果证明:

$$\lim_{n\to\infty}\frac{\sin\theta_n}{\theta_n}=1.$$

4. 证明: 单调增有上界的数列一定收敛, 它的极限就是它的上确界 (“数列的界”, 指的是这个数列的各项所成的集合的界).

参考文献

[1] 克莱因 M. 古今数学思想 (第四册). 北京大学数学系数学史翻译组译. 上海：上海科技出版社, 1981

[2] 曹之江, 王刚. 微积分学简明教程 (上册). 第 2 版. 北京：高等教育出版社，2004

[3] 卓里奇 (В.А.Зорич). 数学分析 (第一卷). 第 4 版. 周美珂等译. 北京：高等教育出版社，2006